Atlas mondial du nucléaire

Cet ouvrage a été écrit en collaboration
avec François Damerval.

Corinne Lepage est avocate et femme politique. Elle fut ministre de l'Environnement, fondatrice et président du parti écologiste Cap 21 devenu CAP21/ Le rassemblement citoyen et du do-tank Essaim, et députée au Parlement européen de 2009 à 2014. Elle est l'auteure de très nombreux ouvrages, parmi les plus récents : *La vérité sur le nucléaire* (Albin Michel, 2011), *La vérité sur les OGM, c'est notre affaire !* (Charles Léopold Mayer, 2012), *L'État nucléaire* (Albin Michel, 2014), *Les Mains propres : plaidoyer pour la société civile au pouvoir* (Autrement, 2015).

Xemartin Laborde est cartographe-géomaticien. Il collabore régulièrement à la revue de géopolitique *Hérodote*.

Les remerciements de l'éditeur vont à **Laure Noualhat** pour sa contribution précieuse, Benjamin Barnier pour son aide à l'édition et Romain Chabrol.
Le cartographe remercie **Teva Meyer**, pour son aide dans la partie 5 et son autorisation d'utiliser des éléments de son article : « Du "pays perdu" du Blayais à l'"émirat de Saint-Vulbas" : les territoires de dépendance au nucléaire en France », *Hérodote* n° 155, 2015.

Maquette : Agence Twapimoa
Correction : Carol Rouchès

ISBN : 978-2-7467-4066-2

17 rue de l'Université – 75007 Paris
Tél. : 01 44 73 80 00 – Fax : 01 44 73 00 12

Atlas mondial du nucléaire

Une étape dans la transition énergétique

Corinne Lepage
Cartographie de Xemartin Laborde

Éditions Autrement
collection Atlas/Monde

Atlas mondial du nucléaire

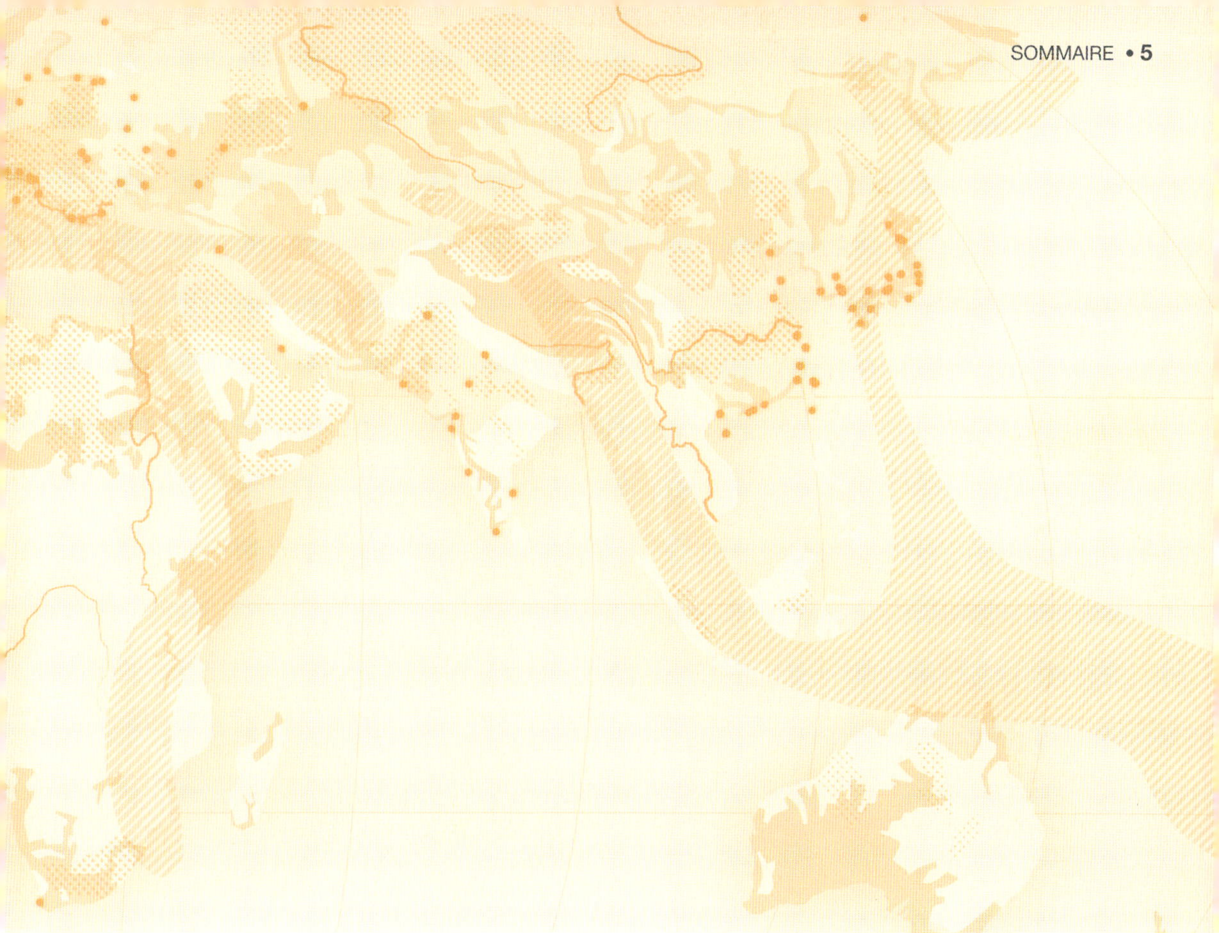

INTRODUCTION

Le nucléaire dans un monde en transition

Avocate depuis 1974, j'ai été confrontée à de nombreuses reprises au nucléaire civil, que ce soit dans les dossiers de Flamanville, Belleville, Golfech, Chooz et Cattenom, celui de La Hague lors de son extension, ou encore de Creys-Malville, au moment du développement du nucléaire civil en France. En tant que ministre de l'Environnement de 1995 à 1997, j'ai été associée – de très loin – à la gestion de la sûreté ; le ministère de l'Environnement, qui n'avait jusque-là pas voix au chapitre, commençait juste à être impliqué sur ces questions. Au cours de ces deux années, j'ai été confrontée au cas de Superphénix, dont je refusai le redémarrage après l'annulation du décret par le Conseil d'État. Pendant les dix ans qui ont suivi mon départ du ministère, je me suis refusée, par déontologie et par principe, à ouvrir un dossier sur le nucléaire, quel qu'il soit. Ce n'est qu'en 2007 que j'acceptai en tant qu'avocate le dossier des collectivités locales et associations allemandes, françaises et suisses, qui demandaient la fermeture de la centrale de Fessenheim, promise pour 2016 par François Hollande. En 2009, devenue députée européenne, j'ai travaillé sur les questions de sécurité et de mix énergétique pendant cinq ans.

L'électricité est utilisée pour transporter de grandes quantités d'énergie facilement utilisable via un déplacement de particules chargées. C'est un vecteur difficilement stockable, ce qui rend son marché très particulier. La production est instantanément consommée ou perdue, tandis qu'une demande supérieure à la production conduit *de facto* à un incident, pouvant aller jusqu'au *black-out*. La détermination des modes de production de l'électricité dépend

Il est hélas devenu évident aujourd'hui que notre technologie a dépassé notre humanité.

ALBERT EINSTEIN

À tous les acteurs et militants du « Nouveau Monde » qui sont convaincus que le monde débarrassé du fossile et du fissile est non seulement souhaitable mais possible.

d'une équation très difficile qui mêle les problématiques économiques, industrielles, environnementales et sociales. La première question est : l'énergie consommée est-elle utile ? L'énergie la moins chère et la moins polluante restant tout de même, à n'en pas douter, celle que l'on n'a pas consommée… Néanmoins, cette évidence s'oppose aux stratégies de rentabilité des producteurs électriques, concernés par des problématiques de retour sur investissement, des moyens de production et des coûts marginaux. Les différents types d'énergie qui vont être utilisés pour la production d'électricité n'ont pas les mêmes caractéristiques, et les coûts (du capital initial, de fonctionnement, de l'intermittence, des externalités, du risque, des déchets) varient selon les types de production et en fonction de l'environnement législatif ou géographique.

Pour bien comprendre les choix énergétiques qui ont pu être faits et ceux à venir, nous devons comparer le nucléaire – dont 99,5 % de la production sert à fabriquer de l'électricité – à toutes les sources d'électricité concurrentes. À chaque fois se pose la question des coûts de production par rapport au prix de vente de l'électricité. Il s'agit en tout état de cause de choix de société, de choix de niveaux de risque, de choix politiques et industriels, de planification, le nucléaire étant une énergie à part dans un mix énergétique. Le nucléaire militaire est indissociable du nucléaire civil, notamment sur des questions géopolitiques ou pour les budgets de recherche, mais j'ai fait le choix ici de ne traiter que le sujet du nucléaire civil, avec tout de même des incursions sur le sujet militaire, indispensables pour appréhender pleinement le nucléaire civil.

Les conflits, la prolifération, la stratégie de la dissuasion nucléaire font appel à des raisonnements philosophiques distincts des choix de mix énergétiques, même si dans de nombreux cas, nous ne pouvons dissocier, dans les choix civils, les influences militaires. Le projet Manhattan (Hiroshima, Nagasaki) a contribué à la mauvaise image du nucléaire militaire en mettant en lumière les risques que draine cette technologie. Les catastrophes de Three Mile Island, Tchernobyl, Fukushima ont montré les limites de ce qui était vendu comme un progrès indiscutable et sûr. Pourtant le constat d'un « hiver nucléaire » et les rêves de relance du nucléaire civil coexistent.

Une technologie n'est ni bonne ni mauvaise en elle-même ; c'est son usage qui déterminera le bénéfice que peut en tirer la société. Le nucléaire sûr n'existe pas, de la même manière qu'il n'existe pas de charbon propre. Et si les militants pronucléaires ont vendu Tchernobyl comme étant une catastrophe soviétique, et Fukushima comme étant une catastrophe naturelle, il s'agit bien de deux catastrophes nucléaires, qui ont affecté la vie de millions de personnes. Si pendant de nombreuses années les problématiques nucléaires n'étaient orientées que sur les questions de sécurité, de nombreuses questions se posent aujourd'hui sur la viabilité économique et financière du nucléaire.

Une source d'énergie particulière

La technologie et le cycle complet de l'énergie nucléaire, depuis le combustible jusqu'aux déchets en passant par les réacteurs eux-mêmes, conduit, pour chacune des étapes, à rencontrer des enjeux spécifiques. Il est ensuite important de prendre conscience des liens entre nucléaire civil et nucléaire militaire qui expliquent le développement initial du nucléaire civil, son caractère secret et l'attrait que garde cette technologie malgré ses risques indiscutables. C'est cette ambiguïté qui explique l'état actuel du parc nucléaire mondial. Non seulement l'essor du nucléaire civil a été freiné par les deux accidents majeurs qui se sont produits mais, encore aujourd'hui, il est en régression dans le monde puisque sa part est passée de 18 à 11 % de l'électricité mondiale entre 1996 et aujourd'hui. L'énergie nucléaire est pourtant activement défendue par des organisations internationales comme l'AIEA qui joue à la fois un rôle de contrôle et de promotion.

Qu'est-ce que l'énergie nucléaire ?

La technologie du nucléaire – civil ou militaire – fait appel aux bases élémentaires de la physique et permet de reproduire un phénomène naturel à des fins industrielles. Les technologies actuelles s'appuient sur le phénomène de la fission nucléaire. Comme toute production d'électricité, la production électronucléaire vise à faire bouillir de l'eau pour entraîner des turbines qui alimenteront des alternateurs.

Le phénomène de l'énergie nucléaire

L'énergie nucléaire est l'énergie que l'on trouve dans le noyau d'un atome, l'élément le plus petit de la matière. Ce noyau est composé de deux types de particules, les neutrons et les protons, qui sont toujours unies. L'énergie nucléaire est précisément l'énergie qui permet l'union permanente de ces particules.

La technologie

L'énergie nucléaire peut servir à produire de l'électricité mais il faut d'abord la libérer. On peut le faire par la fusion ou la fission. Dans le cas de la fusion nucléaire, l'énergie se libère lorsque deux atomes se combinent pour former un atome plus grand. C'est par ce phénomène que le soleil produit de l'énergie. Dans le cas de la fission nucléaire, l'énergie est obtenue par la séparation des atomes pour former des atomes plus petits. Lorsque l'une ou l'autre de ces deux réactions physiques se produit, les atomes subissent une légère perte de masse à peu près équivalente à 0,1 % de leur masse initiale. C'est cette variation qui libère une grande quantité d'énergie thermique comme l'a démontré Albert Einstein dans sa célèbre équation $E = mc^2$.

À ce jour, la production d'électricité repose uniquement sur la fission nucléaire. Elle est provoquée dans un réacteur et produit une réaction en chaîne : les neutrons libérés lors de la première fission provoquent une fission dans au moins un noyau supplémentaire, lequel produit à son tour des neutrons, et ainsi de suite. Ces réactions en chaîne peuvent être contrôlées ou non, comme dans le cas des armes nucléaires. Mais pour un réacteur, dont l'objectif est de produire de l'énergie en continu, la réaction en chaîne est contrôlée.

Chaque fission nucléaire génère deux ou trois neutrons supplémentaires. Si leur nombre augmente trop vite, la réaction s'emballe. Il faut donc absorber le trop-plein de neutrons et on utilise pour cela du bore ou du cadmium. Et pour ralentir les neutrons qui se déplacent à très grande vitesse dans la cuve du réacteur, on a recours à de l'eau.

L'uranium est le minerai le plus largement utilisé dans le monde pour provoquer la fission dans un réacteur nucléaire, avec le thorium ou le plutonium. Une fois extrait des mines, l'uranium subit un cycle complexe de nettoyage, de traitement chimique et d'enrichissement, en amont de son exploitation.

LE CYCLE DU COMBUSTIBLE NUCLÉAIRE

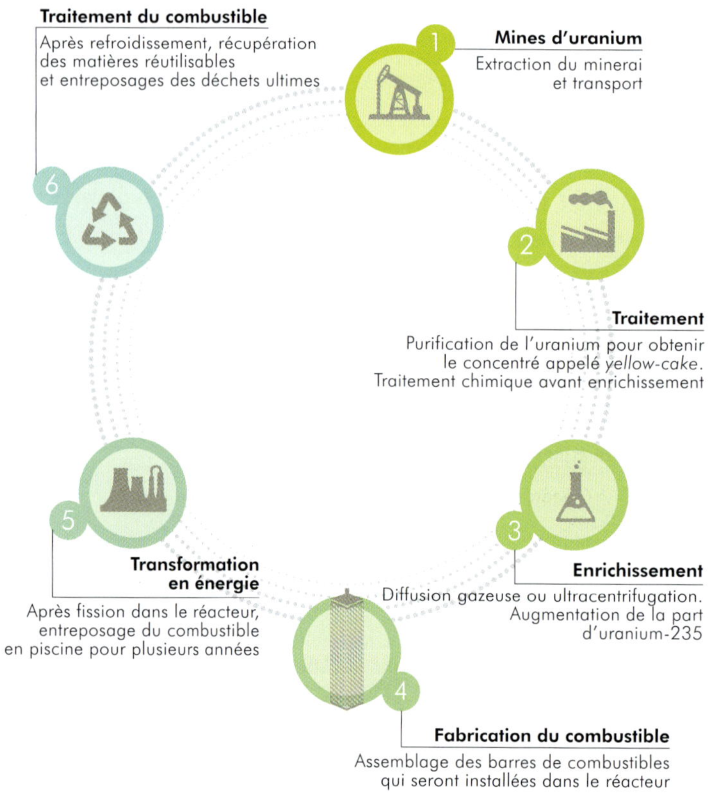

De la fission à la production d'électricité

À l'instar d'une centrale thermique fonctionnant au gaz ou au charbon, une centrale électronucléaire utilise la chaleur dégagée pour faire chauffer de l'eau, la vapeur obtenue entraînant la rotation d'une turbine. Couplée à un alternateur, c'est elle qui produit l'électricité distribuée sur le réseau électrique.

Une centrale nucléaire est un site complexe, baptisé îlot conventionnel, qui regroupe de nombreux bâtiments et salles aux fonctions spécifiques. Le bâtiment réacteur est le plus sensible d'entre eux. Sa double enceinte contient le réacteur où se joue la fission nucléaire, mais aussi des générateurs de vapeur, des pompes servant à faire circuler l'eau du circuit primaire qui assure le transfert de chaleur entre le cœur du réacteur et les générateurs de vapeur. C'est dans le circuit d'eau secondaire qu'est produite la vapeur d'eau qui fera tourner la turbine. Pour assurer le fonctionnement des circuits d'eau primaire et secondaire, une centrale a besoin d'une station de pompage mais aussi d'espaces de refroidissement, le plus souvent sous forme de tours.

Généralement adossé au bâtiment réacteur, le bâtiment combustible stocke les matières radioactives avant leur utilisation, pendant les arrêts de tranche des réacteurs (un tiers du combustible est renouvelé tous les 12 à 18 mois) et après leur utilisation.

Le bâtiment salle des machines abrite la turbine à vapeur, l'alternateur, le condenseur et des turbopompes alimentaires qui régulent le débit d'eau. Les centrales nucléaires abritent également une salle de commande, un espace de maintenance, des organes de sécurité tels que les générateurs de secours.

LA FISSION DE L'URANIUM

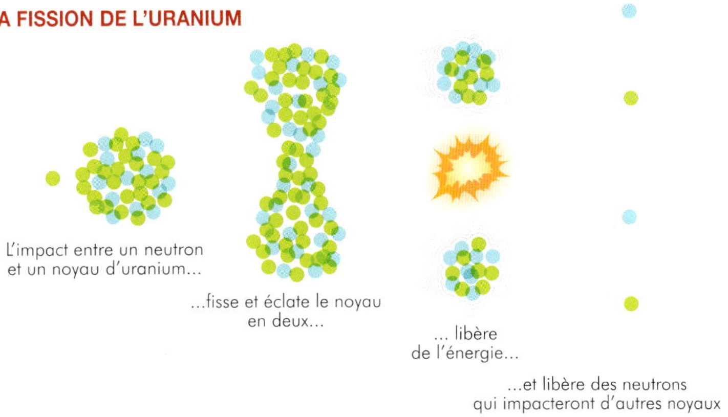

DU RÉACTEUR À LA PRODUCTION D'ÉLECTRICITÉ

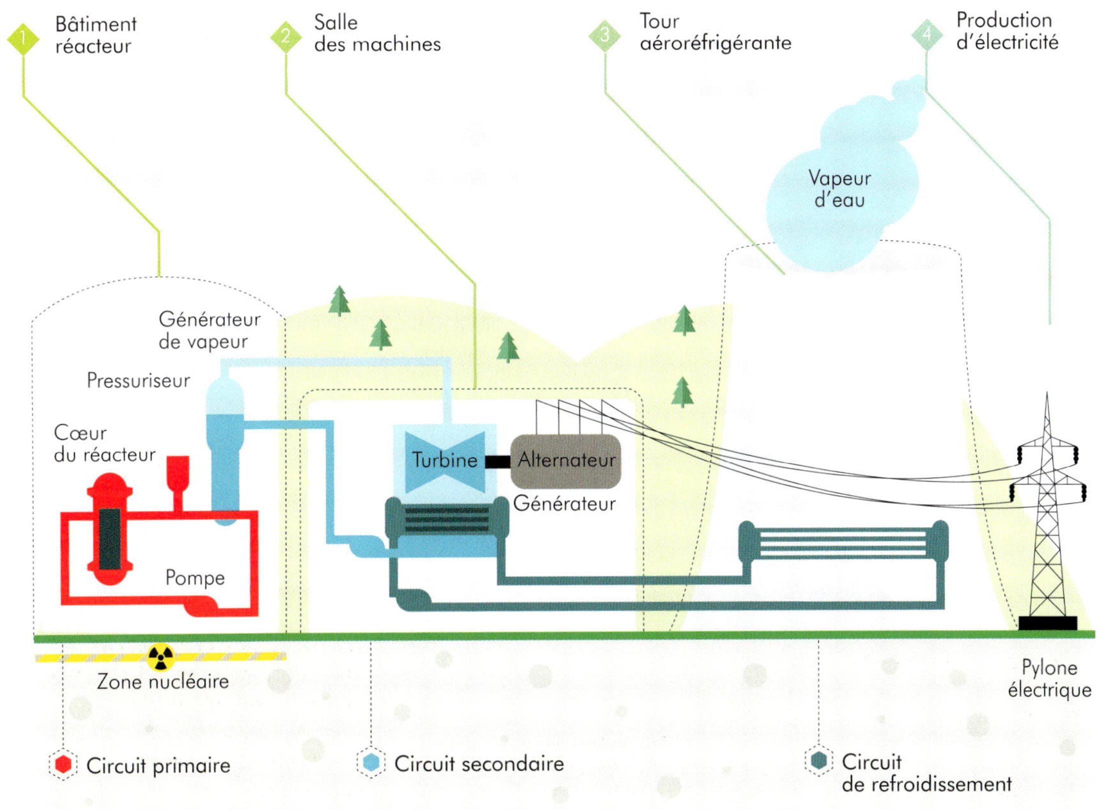

Une rapide expansion au XXe siècle

Moins de soixante-dix années se sont écoulées entre la découverte du phénomène de la radioactivité et l'exploitation commerciale à grande échelle de l'énergie nucléaire. Dès son origine, le nucléaire est utilisé à des fins médicales, mais lors de la Seconde Guerre mondiale, la fabrication d'armes atomiques devient sa principale raison d'être. Dès l'après-guerre et de façon industrielle dans les années 1970, l'énergie nucléaire est utilisée pour produire de l'électricité.

Le temps des découvertes

En 1896, Antoine-Henri Becquerel découvre par hasard la radioactivité alors qu'il conduit des recherches sur la fluorescence des sels d'uranium. Au début du XXe siècle, l'existence de l'atome n'est qu'une hypothèse, validée en 1906 par Jean Perrin. La compréhension du phénomène prend plusieurs années et requiert les travaux de nombreux chercheurs dont Pierre et Marie Curie, Max Planck et Albert Einstein, James Chadwick ou Irène et Frédéric Joliot-Curie.

Des premières bombes aux centrales électriques

Dès les années 1930, les physiciens comprennent que l'énergie nucléaire peut servir au développement d'une arme puissante. Avant même la Seconde Guerre mondiale, l'Allemagne, le Japon ou la France entreprennent des travaux décisifs pour sa mise au point. Mais c'est aux États-Unis, grâce au projet Manhattan, que des milliers de chercheurs mis au secret développent l'arme atomique. Plusieurs laboratoires dont celui de Los Alamos, au Nouveau-Mexique, dirigé par Richard Oppenheimer, mettent au point la première bombe atomique, appelée Gadget, testée le 16 juillet 1945, lors de l'essai baptisé Trinity. Les deux bombes larguées au Japon contribuent à mettre fin à la Seconde Guerre mondiale. En pleine guerre froide, l'Union soviétique fait exploser sa première bombe A en 1949, suivie en 1952 par la Grande-Bretagne, en 1960 par la France et en 1964 par la Chine. Mais dès le 8 décembre 1953, en pleine guerre froide, le président américain Eisenhower proposa d'utiliser le savoir-

L'EXPANSION DU NUCLÉAIRE CIVIL

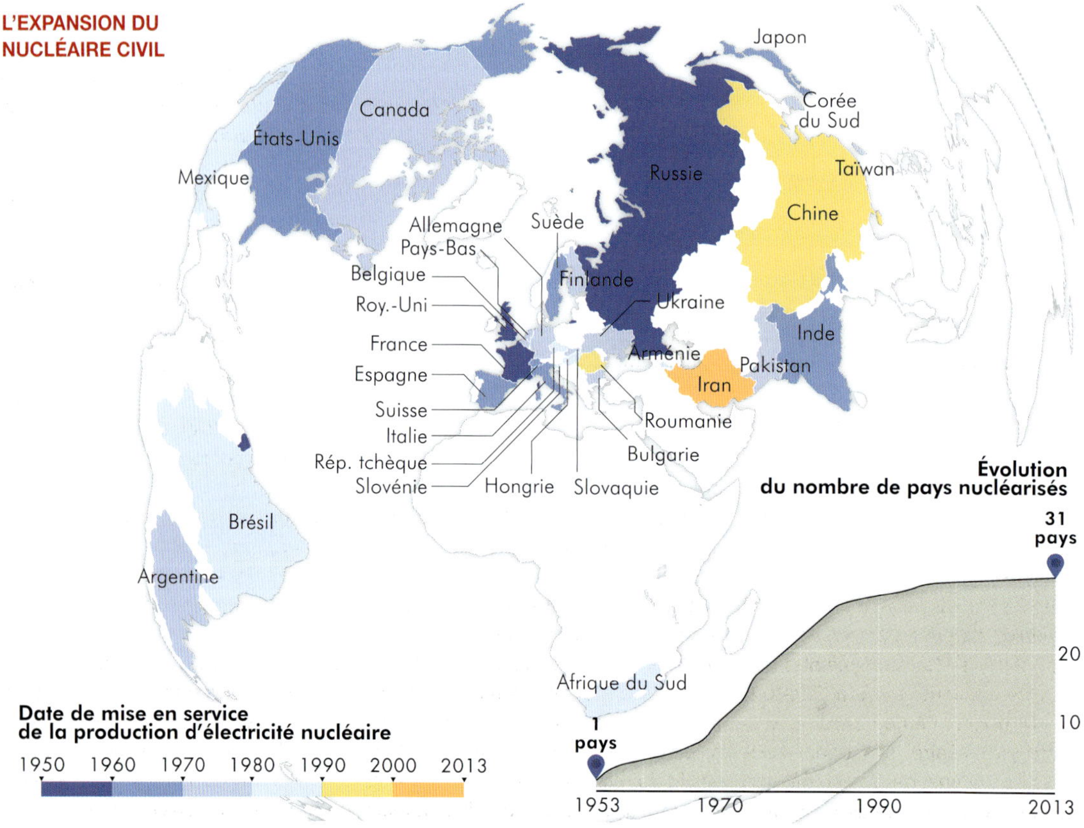

LES GRANDES DATES DU NUCLÉAIRE

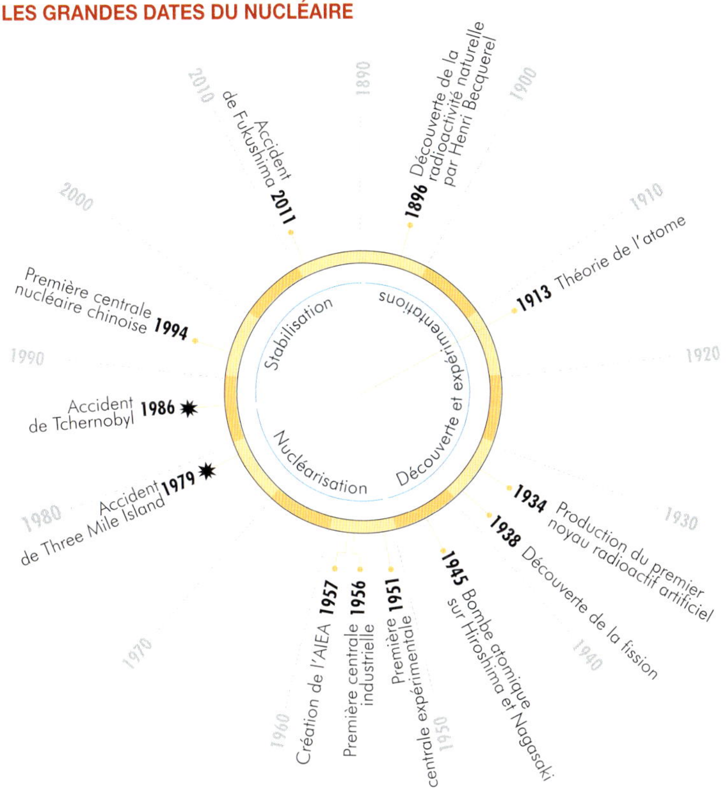

LA PRODUCTION D'ÉNERGIE DANS LE MONDE

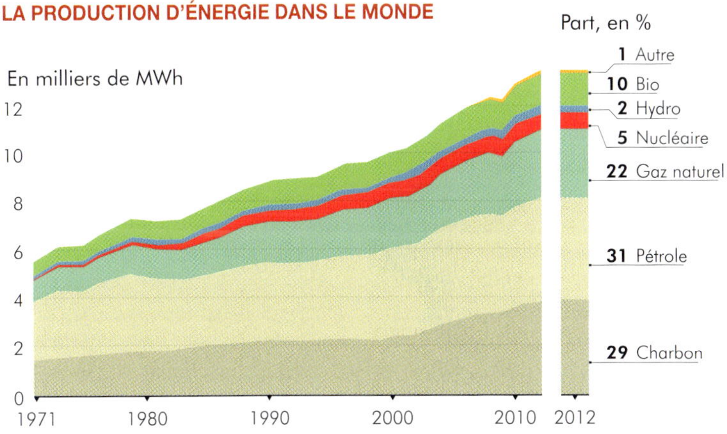

Source : International Energy Agency

faire acquis pour les armes atomiques à des fins civiles, c'est l'initiative « Atoms for peace ». Dans la foulée, en 1957, l'ONU crée l'Agence internationale de l'énergie atomique (AIEA).

En Europe, six pays (Allemagne, Belgique, France, Italie, Luxembourg, Pays-Bas) signent le traité Euratom pour favoriser l'émergence d'une industrie nucléaire européenne et assurer leur indépendance énergétique à travers l'énergie nucléaire. L'OCDE crée l'Agence pour l'énergie nucléaire (AEN) poursuivant l'évaluation des ressources en uranium.

Les premiers programmes électronucléaires civils sont directement issus des programmes militaires. La première centrale reliée à un réseau électrique est mise en fonctionnement en 1954 à Obninsk en URSS. Suivent ensuite celles de Marcoule en France et de Sellafield au Royaume-Uni en 1956. Aux États-Unis, le réacteur de Shippingport (issu de la technologie des sous-marins américains) est le premier à fournir de l'électricité au réseau en 1957. En 1963, Israël, l'Inde et le Pakistan achèvent leurs premiers réacteurs.

Le nucléaire civil doit surtout son développement commercial au premier choc pétrolier de 1973. En effet, pour s'émanciper de leur dépendance au pétrole, les pays occidentaux développent des programmes électronucléaires afin de diversifier leur production électrique. Dans ce paysage, la France fait office de cas particulier puisqu'elle produit 80 % de son électricité via l'énergie nucléaire. L'Allemagne, les États-Unis, le Royaume-Uni et le Japon font, eux, le choix d'un mix électrique plus équilibré.

L'entrée dans l'ère atomique va de pair avec contestation et accidents

Dès 1945, l'explosion des deux bombes d'Hiroshima et Nagasaki provoque un fort mouvement de rejet à travers le monde. Le 19 mars 1950, le Mouvement mondial des partisans de la paix lance « l'appel de Stockholm » qui exige notamment « l'interdiction absolue de l'arme atomique ». Fort du soutien de personnalités comme Picasso ou Frédéric Joliot-Curie, le mouvement revendique une dizaine de millions de signatures en France et plusieurs centaines de millions à travers le monde. En revanche, il faudra attendre 1979 et l'accident de Three Mile Island pour que l'opinion publique s'oppose farouchement au développement d'un parc nucléaire civil. En 1986, la catastrophe de Tchernobyl met un coup d'arrêt encore plus brutal au développement de cette industrie. Mais au fil des années, le spectre des accidents s'éloignant, le programme nucléaire mondial reprend du poil de la bête au cours des années 2000, notamment à cause de la demande croissante en énergie et des prix à la hausse des énergies fossiles. Face aux changements climatiques, l'énergie nucléaire s'enorgueillit d'un nouvel atout : faiblement émettrice de gaz à effet de serre, elle devient plus avantageuse que le gaz ou le charbon pour produire une électricité de plus en plus prisée. La catastrophe de Fukushima Daiichi en 2011 contrarie à nouveau cette reprise.

L'énergie nucléaire dans le monde

Depuis le raccordement de la première centrale au réseau électrique, l'énergie nucléaire s'est considérablement développée. Environ 400 réacteurs fournissent aujourd'hui un dixième de la production électrique mondiale. Toutefois, la demande énergétique, portée par le développement des pays émergents, évolue à un tel rythme que la part du nucléaire ne cesse de se réduire dans le paysage énergétique de la planète.

La part du nucléaire dans l'énergie primaire

Les énergies que nous utilisons au quotidien, comme l'électricité ou l'essence, ne sont pas directement disponibles dans la nature. Ces énergies dites « finales » sont produites à partir d'énergies dites « primaires » comme le bois, le charbon, le pétrole, le vent ou l'eau. Dans le cas du nucléaire, l'uranium fait office d'énergie primaire laquelle, après conversion dans un réacteur, va fournir l'énergie finale, l'électricité, utile à notre lave-linge ou notre ordinateur.

D'après l'Agence internationale de l'énergie, l'ensemble de ces sources représente un total de 13371 millions de tonnes équivalent pétrole (Mtep). Alors que le pétrole, le gaz et le charbon constituent l'écrasante majorité de ces énergies disponibles, c'est-à-dire 80 % d'entre elles, l'énergie nucléaire ne représente que 4,8 % de l'ensemble.

L'énergie produite par le nucléaire

Comme chacun sait, l'énergie nucléaire ne sert qu'à produire de l'électricité. Or, l'électricité ne représente que 18,1 % de l'énergie consommée dans le monde (8979 millions de tonnes équivalent pétrole Mtep). Aujourd'hui encore, les combustibles fossiles (charbon, gaz, pétrole) demeurent le noyau dur de la production électrique mondiale avec plus des deux tiers du total. Les barrages hydroélectriques et les autres énergies renouvelables (soleil, vent, biomasse) fournissent respectivement 16,3 % et 4,1 % de l'électricité mondiale. Un peu plus d'un électron sur dix dans le monde est d'origine nucléaire puisque cette énergie fournit 10,8 % de la production mondiale d'électricité (source AIE 2014).

Une production très concentrée

En 2012, la puissance électrique installée du parc nucléaire mondial s'élève à plus de 373 Gigawatts (GW). On dénombre actuellement 388 réacteurs nucléaires en fonctionnement, répartis dans 31 pays, pour une puissance globale installée de plus de 333 Gigawatts (GW). Leur production totale s'élève à 2641 Terawattheures (TWh). Près de la moitié de cette électricité est produite par les États-Unis et la France, dont les centrales produisent respectivement 801 et 425 TWh. Et cinq pays (USA, France, Russie, Corée du Sud et Chine) produisent les deux tiers de l'électricité nucléaire mondiale! Aujourd'hui, seize pays dépendent de l'énergie nucléaire pour au moins un quart de leur électricité. Avec 80 % de son électricité produite à partir de cette énergie, la France est le pays dépendant le plus du nucléaire. La Belgique, la République tchèque, la Finlande, la Slovaquie, la Suède, la Suisse, la Slovénie et l'Ukraine produisent environ 30 % de leur électricité ainsi, tandis que la Russie, l'Espagne et la Roumanie n'en produisent que 20 %. Avec 104 réacteurs au compteur, les États-Unis restent le premier parc nucléaire mondial, mais le pays ne recourt qu'à hauteur de 19,1 % de ses besoins à l'électricité nucléaire.

En juillet 2014, 67 réacteurs étaient en cours de construction dans le monde (source WNS), dont 28 en Chine, 9 en Russie, 6 en Inde et 5 en Corée du Sud. Mais attention, certains réacteurs figurent dans les statistiques comme étant en construction depuis au moins vingt ans, comme le réacteur américain Watts-Bar 2 dont la construction a débuté en décembre 1972!

De la renaissance au déclin

La part du nucléaire dans la fourniture d'électricité mondiale ne cesse de baisser depuis le début des années 2000, et cette tendance s'est encore accentuée après l'accident de la centrale japonaise de Fukushima en mars 2011. En 1996, le parc nucléaire assurait 17,6 % de l'électricité de la planète, soit son niveau le plus haut. Aujourd'hui, cette proportion est descendue à 10,8 %. En 2011 et 2012, la production électrique nucléaire a chuté respectivement de 4 et 7 %. En 2013, seuls deux des 55 réacteurs japonais ont généré de l'électricité. La fermeture des centrales japonaises et de plusieurs centrales allemandes (la dernière doit fermer en 2022) représente 10 % de la production nucléaire mondiale. Entre 2008 et 2013, 21 réacteurs nucléaires ont été connectés au réseau, pour une puissance cumulée de près de 16 GW. Durant la même période, 26 réacteurs ont été retirés du service pour une puissance totale d'environ 20 GW.

Même si le nombre de réacteurs en état de fonctionner n'a guère évolué, la demande mondiale d'électricité a explosé : + 62 % entre 1995 et 2010 tandis que la production nucléaire, elle, n'a progressé que de 20 %. C'est une énergie en déclin. Surtout, le parc nucléaire mondiale vieillit et 80 % des installations ont plus de vingt ans.

LA PRODUCTION D'ÉLECTRICITÉ NUCLÉAIRE DANS LE MONDE

Les sources de production d'électricité dans le monde
en pourcentage, en 2012

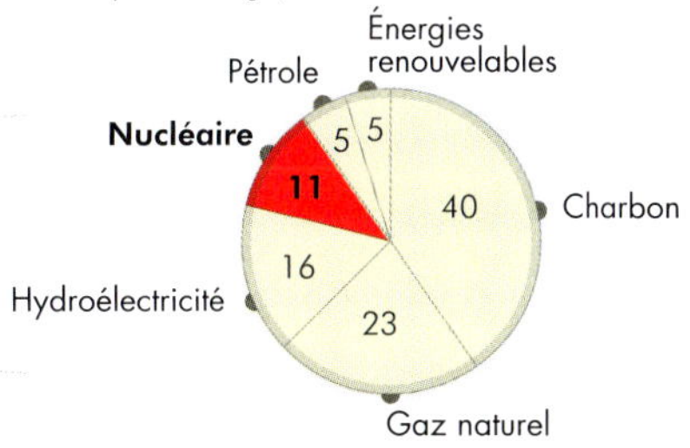

Les principaux consommateurs d'électricité nucléaire
en pourcentage, en 2014

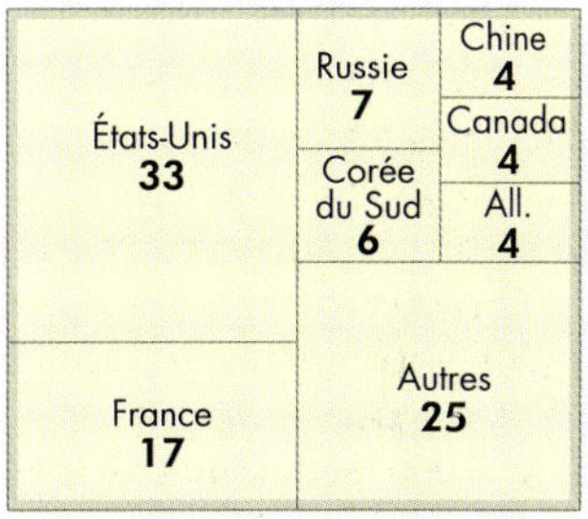

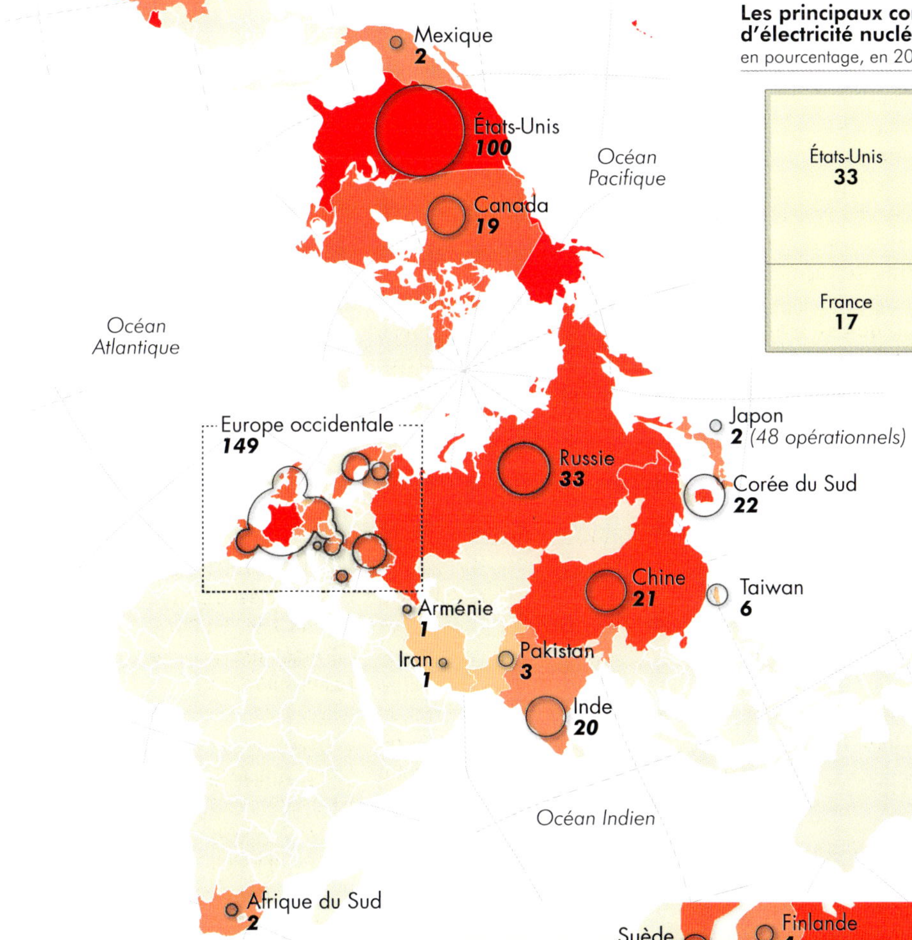

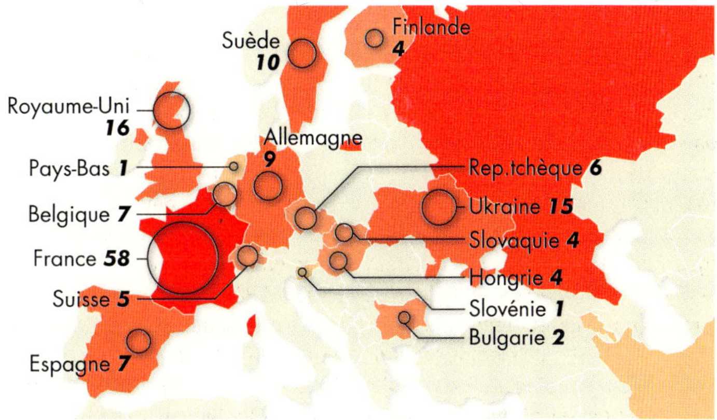

Production annuelle d'électricité
en milliers de Gigawatt par heure, en 2013

Nombre de réacteurs en activité
en 2013

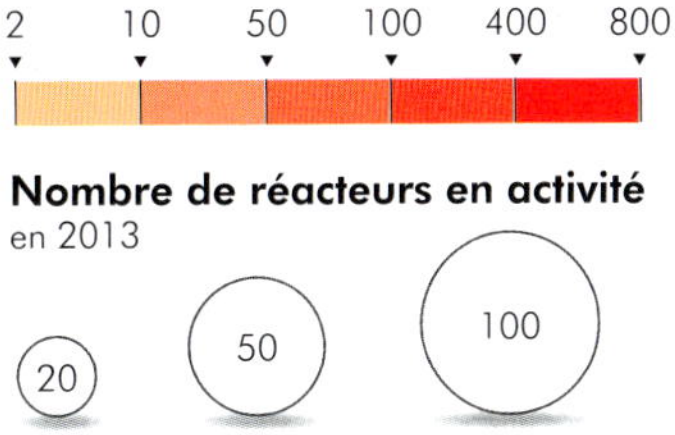

Sources : WINS ; AIEA ; AIE ; WNA ; BP Statistical review of World Energy

L'uranium et sa production

L'uranium est le principal carburant des centrales nucléaires. Selon les technologies des réacteurs, celui-ci peut être plus ou moins enrichi, utilisé seul ou combiné avec du plutonium. Les réserves naturelles d'uranium, point névralgique de l'industrie nucléaire, sont très localisées. On assiste à une course permanente à l'approvisionnement mais aussi aux techniques d'enrichissement qui permettent l'usage de l'uranium dans un réacteur nucléaire.

L'enjeu des réserves

L'exploitation des réserves dépend largement de leur coût. Selon l'Agence de l'énergie nucléaire (AEN), les réserves d'uranium récupérables à moins de 130 dollars le kilo atteindraient 5,9 millions de tonnes. Les réserves dont le coût de récupération est compris entre 130 et 260 dollars le kilo représenteraient 7,6 millions de tonnes (en hausse de 7 % par rapport aux années précédentes). *A contrario*, les réserves récupérables à un coût inférieur à 80 dollars sont en net recul, de 36 %, principalement en raison des coûts d'extraction. Sachant qu'en 2014 les réacteurs en exploitation ont consommé 65900 tonnes d'uranium, les réserves couvriraient entre 180 et 120 années d'exploitation, avec toutes les incertitudes sur les réserves réelles et leur coût final d'exploitation.

L'offre et la demande

En 2012, la production mondiale d'uranium (58816 t d'U) a permis de satisfaire environ 95 % des besoins mondiaux des centrales nucléaires (61980 t d'U) ; le reste a été couvert avec des stocks d'uranium déjà extrait ou de l'uranium de retraitement. De tous les acteurs du cycle du combustible nucléaire, les exploitants de mines d'uranium sont les plus touchés par l'accident de Fukushima Daiichi. Le recul constant des prix après l'accident et les incertitudes concernant l'évolution de l'électronucléaire dans certains pays a, du moins temporairement, réduit les besoins en uranium, fait baisser les prix encore plus et ralenti le rythme de développement des projets miniers. Toutefois, le marché de l'uranium est actuellement bien approvisionné et, selon les prévisions actuelles, les capacités théoriques de production primaire d'uranium des centres existants, commandés, prévus et envisagés pourraient satisfaire les besoins jusqu'en 2035.

Mines et pays miniers

L'uranium est un métal radioactif relativement bien réparti dans l'écorce terrestre. En général, le minerai contient peu d'uranium, à peine quelques kilos par tonne de minerai. Certaines mines au Canada ou au Niger présentent des teneurs exceptionnelles dix fois plus élevées. Mais les coûts du transport encouragent tout de même la concentration du composé sur place. Par des méthodes chimiques, le minerai est transformé en *yellow-cake*, « gâteau jaune », qui servira à l'élaboration du combustible utilisable dans un réacteur. En général, les groupes miniers extraient environ 500 grammes de *yellow-cake* par tonne de minerai. Celui-ci contient jusqu'à 750 kg d'uranium par tonne.
Cinq pays se répartissent 80 % de la production d'uranium : le Kazakhstan, le Canada, l'Australie, le Niger et la Namibie. Un pays se détache du lot : le Kazakhstan. En l'espace de dix ans, ce territoire qui dispose de 12 % des ressources connues d'uranium a décuplé sa production. À lui seul, il représente près de 38 % de la production mondiale. Derrière lui, le Canada et l'Australie produisent respectivement 15 % et 12 % du total mondial. Au total, onze pays se partagent 97 % de la production. En France, plus de

LES GRANDS GROUPES MINIERS MONDIAUX

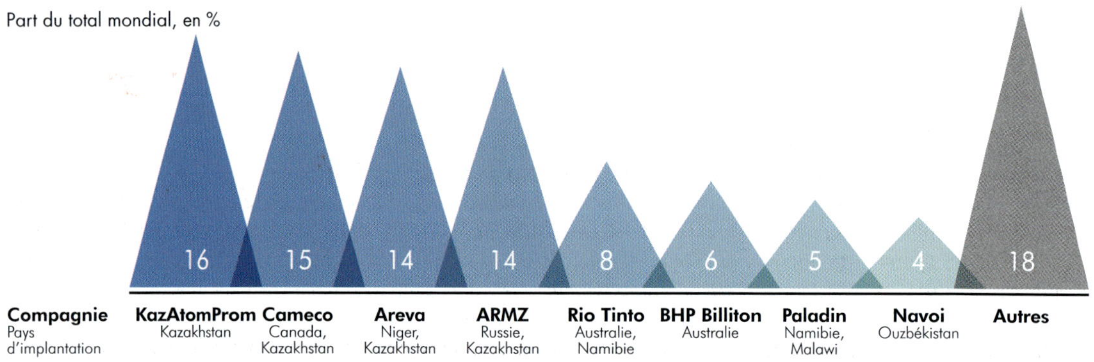

LA PRODUCTION ET LES RÉSERVES D'URANIUM

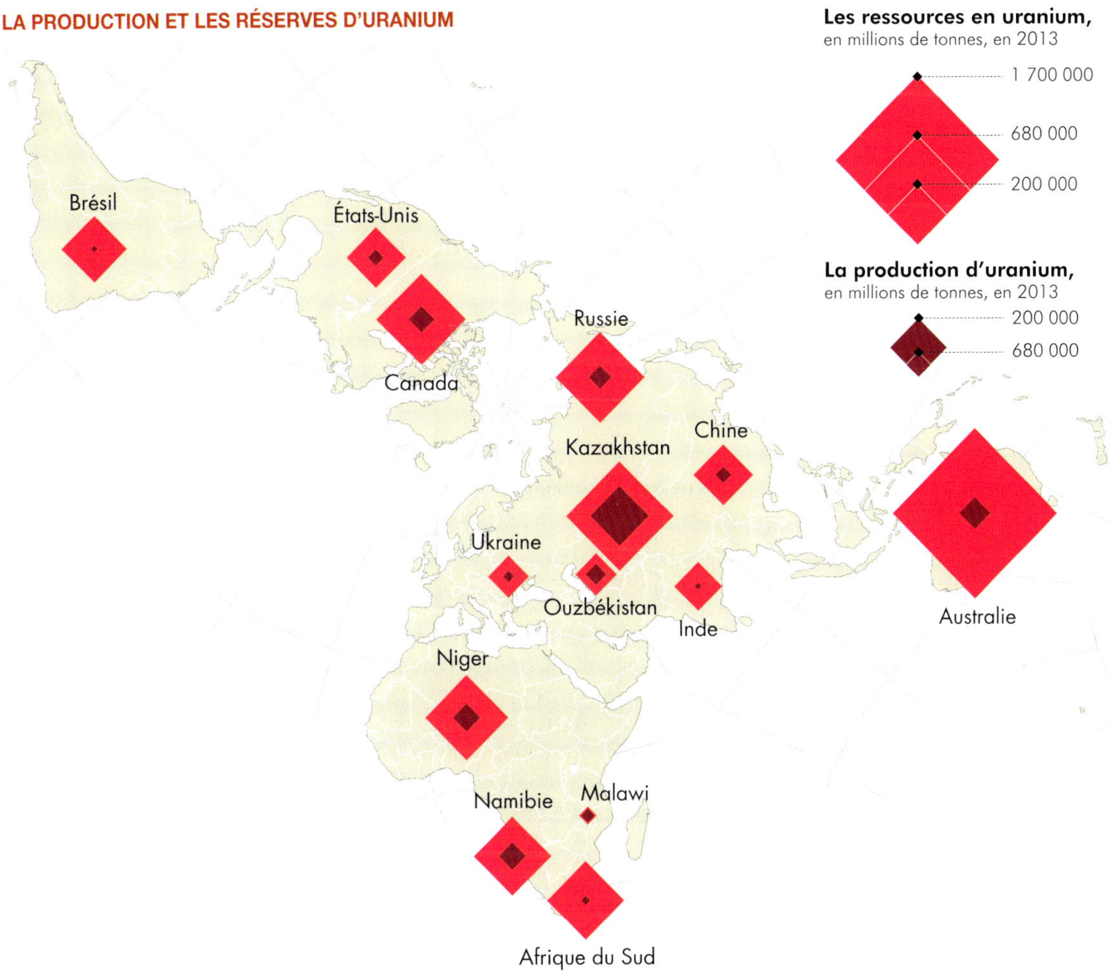

Sources : AIEA ; WNA

200 sites d'extraction et de traitement de minerai d'uranium ont été progressivement fermés. L'essentiel de l'uranium français provient des mines d'Arlit au Niger.

LA PRODUCTION ET LA DEMANDE D'URANIUM DEPUIS 1980

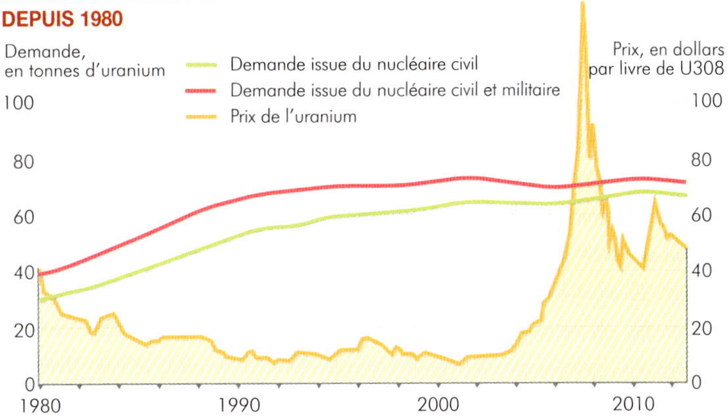

Source : WNA, UxC

Les acteurs de l'enrichissement

Sans surprise, l'enrichissement est un marché très concentré et très concurrentiel. Deux technologies sont à l'œuvre : la diffusion gazeuse et la centrifugation. Selon les dernières données de l'AIEA, la capacité mondiale d'enrichissement est actuellement d'environ 65 millions d'UTS par an pour une demande annuelle totale d'environ 45 millions d'UTS. Des usines commerciales sont en service en Chine (CNNC), en France (Areva – Georges-Besse II), en Fédération de Russie (Rosatom) et aux États-Unis (Usec et Urenco). Le groupe Urenco exploite en outre des usines de centrifugation en Allemagne, aux Pays-Bas et au Royaume-Uni. Il existe aussi de petites installations d'enrichissement en Argentine, au Brésil, en Inde, au Japon, au Pakistan et en République islamique d'Iran. Avec l'apparition de la Chine sur ce marché et l'arrivée des matières issues du désarmement de l'arsenal russe, la compétition s'intensifie. L'Argentine reconstitue ses capacités d'enrichissement par diffusion gazeuse à Pilcaniyeu. L'Afrique du Sud s'interroge sur l'opportunité de relancer un programme d'enrichissement.

La fabrication du combustible et son retraitement

Le cycle du combustible regroupe un ensemble d'activités qui vont de l'extraction de la matière première, l'uranium, jusqu'au traitement des éléments usés et au stockage des déchets ultimes. L'amont de ce cycle rassemble l'ensemble des opérations qui se déroulent de la mine jusqu'à l'arrivée au réacteur.

De l'extraction à la fabrication du combustible

Une fois extrait, le minerai d'uranium est réduit en petits morceaux finement broyés et traités chimiquement ou par « lixiviation » (raffinage). Le produit obtenu est un concentré d'uranium, poudre jaune appelée *yellow-cake*. Les deux principales usines dans le monde le produisant se situent au Canada et en Australie. Selon la richesse du minerai, 1 000 tonnes extraites fournissent 1,5 à 10 tonnes de *yellow-cake*, avec une concentration de 75 % d'uranium. Ce concentré d'uranium est généralement produit sur les lieux mêmes de l'extraction afin d'être plus facilement acheminé vers les usines de fabrication du combustible. Le *yellow-cake* est ensuite converti chimiquement en hexafluorure d'uranium par réaction avec du fluor.

Dans la majorité des réacteurs en fonction, il faut utiliser un combustible dont la proportion d'uranium 235 se situe entre 3 % et 5 % car seul cet isotope peut subir la fission nucléaire. Or, l'uranium naturel contient seulement 0,7 % d'uranium 235. Pour augmenter cette proportion, on recourt à l'« enrichissement ». Cette étape peut se faire par diffusion gazeuse (États-Unis) ou par centrifugation (Russie, Royaume-Uni, Pays-Bas, Allemagne, Japon, Chine). En France, la première usine d'enrichissement, l'usine Georges-Besse, utilisait la diffusion gazeuse, seule technologie mature à l'époque de son démarrage en 1978. Aujourd'hui, l'usine Georges-Besse II utilise la technologie d'ultracentrifugation gazeuse qui consomme 40 à 50 fois moins d'énergie.

Une fois enrichi, l'hexafluorure est à nouveau converti en oxyde d'uranium, puis conditionné sous forme de pastilles. Ces pastilles sont ensuite introduites dans des tubes métalliques pour former des « crayons » de 4 mètres de long. Ceux-ci sont réunis pour former les assemblages de combustible, destinés aux réacteurs. Les assemblages vont séjourner entre 4 et 5 ans dans le réacteur, jusqu'à épuisement de l'uranium 235.

LA FABRICATION DU COMBUSTIBLE NUCLÉAIRE

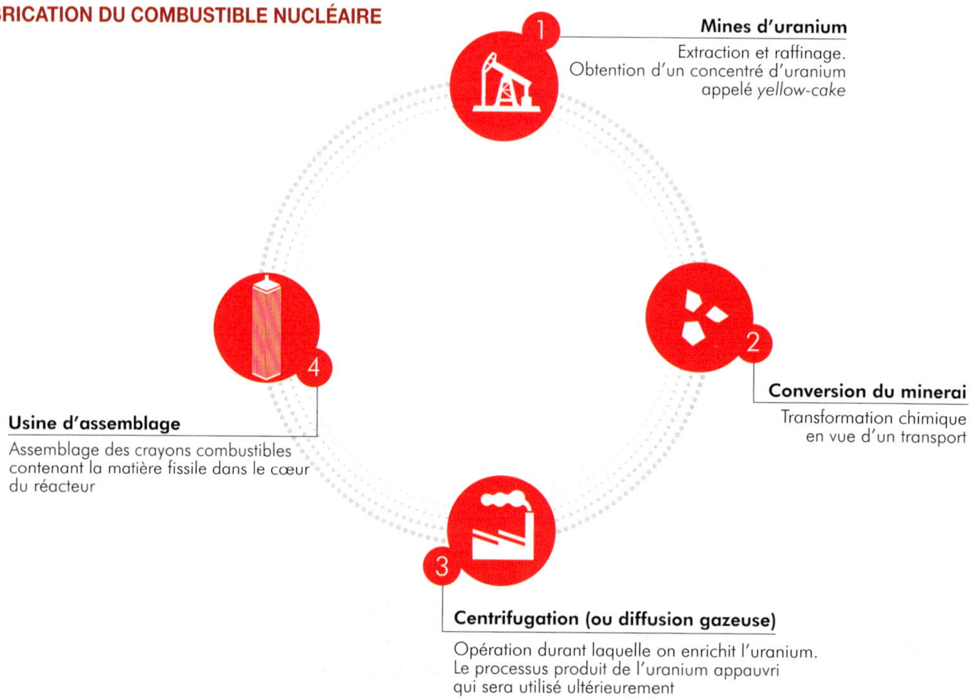

LES USINES D'ENRICHISSEMENT ET DE RETRAITEMENT ET LES FABRICANTS

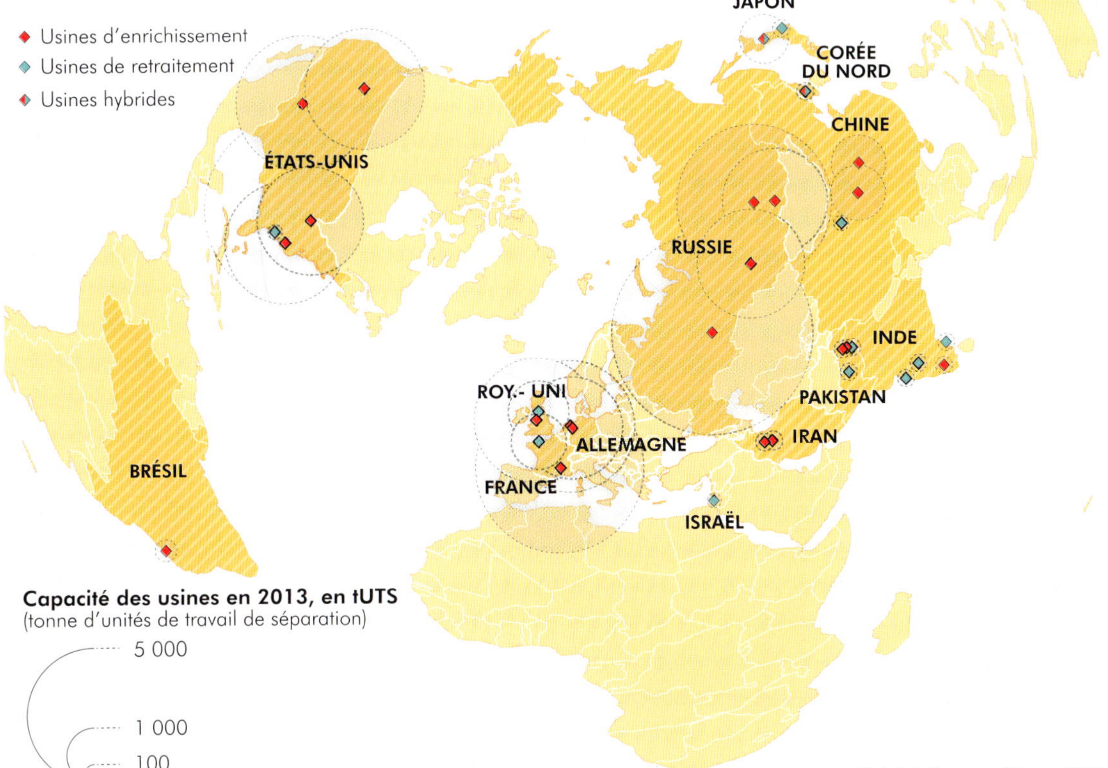

Source : Global FIssile Material Report, 2013

Les filières du retraitement

Certains pays ont fait le choix d'un cycle nucléaire fermé, c'est-à-dire de la possibilité de réutiliser une partie du combustible usé. En effet, le combustible usé contient 1 % de plutonium, 95 % d'uranium potentiellement réutilisable et 4 % de déchets ultimes. En réutilisant les matières fissiles des combustibles usés, il est possible de faire des économies de l'ordre de 20 % sur la consommation d'uranium naturel. L'uranium de retraitement, lui, peut être ré-enrichi et réutilisé au moins une seconde fois.

Lors de son déchargement, le combustible usé est fortement irradiant et dégage une très grande chaleur. Après quelques années de refroidissement dans les piscines des centrales, il est ensuite traité pour séparer les matières valorisables qu'il contient des déchets ultimes. L'usine de retraitement française se situe à La Hague. D'autres usines fonctionnent au Royaume-Uni, en Russie et en Inde.

Au vu des cours actuels de l'uranium naturel, la France préfère stocker son uranium de retraitement et ne le réutilise pas dans ses centrales. En 2010, ce bas de laine énergétique représentait environ 24 000 tonnes de matières « valorisables ».

Le plutonium et le Mox

Associé à de l'uranium appauvri, le plutonium récupéré à partir du combustible usé peut former un nouveau combustible, un mélange d'oxyde d'uranium et de plutonium, baptisé Mox. Le Mox contient 8,5 % de plutonium et 91,5 % d'uranium appauvri. L'uranium appauvri étant un sous-produit du processus d'enrichissement ou le résidu des barres de combustible usagé, le Mox permet de fabriquer un nouveau combustible sans nouvel apport en uranium naturel. Il nécessite toutefois un retraitement spécifique. Étant plus radioactif qu'un combustible classique, il présente des risques supplémentaires, notamment lors des transports et produit des déchets beaucoup plus délicats à stocker et à retraiter. Le Mox n'est actuellement produit que par l'usine Melox d'Areva sur le site de Marcoule. Et il est autorisé dans 6 pays mais majoritairement utilisé dans les 22 réacteurs français. Les risques spécifiques du Mox stocké dans une des piscines de Fukushima ont suscité une très grande réaction de méfiance et une chute de ce marché.

Un marché très concentré

De l'extraction du minerai au retraitement du combustible en passant par l'enrichissement de l'uranium, on retrouve les mêmes entreprises au niveau mondial. Kazatomprom (Kazakhstan), Areva (France), Cameco (Canada) ou ARMZ-Uranium One (Russie/Canada) sont les principaux acteurs de l'extraction. Atomenergoprom (Russie), Cameco, ConverDyn (États-Unis) ou Areva pratiquent également la conversion du *yellow-cake*. Rosatom (Russie), Urenco (Pays-Bas, Allemagne, Grande-Bretagne), Usec (États-Unis) et Areva encore sont présents lors du processus d'enrichissement.

L'industrie des réacteurs nucléaires

Conception, construction et exploitation des réacteurs nucléaires constituent des enjeux technologiques, économiques et politiques majeurs. Comme de nombreux autres secteurs industriels, le nucléaire n'échappe pas aux effets de la mondialisation. Autrefois nationaux et adossés à des États, les industriels sont désormais amenés à passer de nouvelles alliances – régionales et internationales – pour obtenir les contrats mirobolants des nouveaux marchés, principalement asiatiques et orientaux.

Des générations de réacteurs

Les réacteurs nucléaires sont classés selon leur filière et leur génération. Une filière se caractérise par la nature du combustible utilisé dans le réacteur (uranium, Mox ou thorium), du modérateur des neutrons (eau, graphite ou eau lourde) et du fluide qui transporte la chaleur (eau pressurisée, eau bouillante, gaz…). Actuellement, le parc nucléaire mondial compte 272 réacteurs à eau pressurisée (REP), 84 réacteurs à eau bouillante (REB), 47 réacteurs à eau lourde pressurisée (PHWR), 2 réacteurs à neutrons rapides, 16 réacteurs refroidis au gaz (GCR) et 15 réacteurs refroidis à l'eau légère et modérés au graphite (LWGR). Tous les réacteurs mis en service avant 1970 font partie de la première génération. À cette époque, chaque pays qui s'équipe privilégie des technologies différentes. Le Royaume-Uni choisit des réacteurs de type Magnox (magnésium inoxydable) quand la France opte pour la filière uranium naturel graphite gaz (UNGG). Les États-Unis, quant à eux, développent la filière des réacteurs à eau pressurisée (REP). Les réacteurs de deuxième génération sont mis en service entre 1970 et 1998 et constituent aujourd'hui la plus grande part du parc en activité. Les réacteurs de troisième génération sont dérivés des modèles précédents et conçus pour les remplacer à partir de 2013/2020. Ainsi, l'EPR d'Areva fait partie des réacteurs de troisième génération, tout comme l'APR 1400 (Corée), l'APWR, l'AP 1000 (Toshiba Westinghouse), le VVER 1000 AES (Russie) et l'ATMEA (Areva Mitsubishi Hitachi). Les autres réacteurs en cours de conception appartiennent à la génération IV et n'entreront pas en service avant 2030.

Les industriels et leurs marchés

Dans les années 1980, chaque pays disposait de son ou de ses entreprises nationales dans le domaine. Mais un vaste mouvement de concentration, dû notamment à la libéralisation du marché et au désengagement de certains acteurs, sévit depuis les années 1990. À cette période, le français Framatome rachète l'américain B&W, Combustion Engineering (États-Unis) fusionne avec Asea-Atom (Suède) et Brown Boveri pour créer le groupe ABB-CE. Westinghouse (États-Unis) passe sous le contrôle de Toshiba (Japon). En France, la fusion entre Framatome et la Cogema donne naissance au groupe Areva en 2001, lequel travaille aujourd'hui en joint-venture avec Mitsubishi (Japon).

Fabrication et exploitation

Les centrales nucléaires se composent de deux éléments principaux : l'îlot nucléaire comprenant le réacteur et l'îlot conventionnel qui utilise cette vapeur pour produire de l'électricité au moyen de turbines et de générateurs. Quatre géants se répartissent la construction des îlots nucléaires : Areva, Westinghouse, Atomenergoprom et General Electric. Pour l'îlot conventionnel, on compte plus d'intervenants : Siemens, Alstom et Ansaldo en Europe, Gene-

LES PRINCIPAUX FABRICANTS DE RÉACTEURS ET LEURS MODÈLES

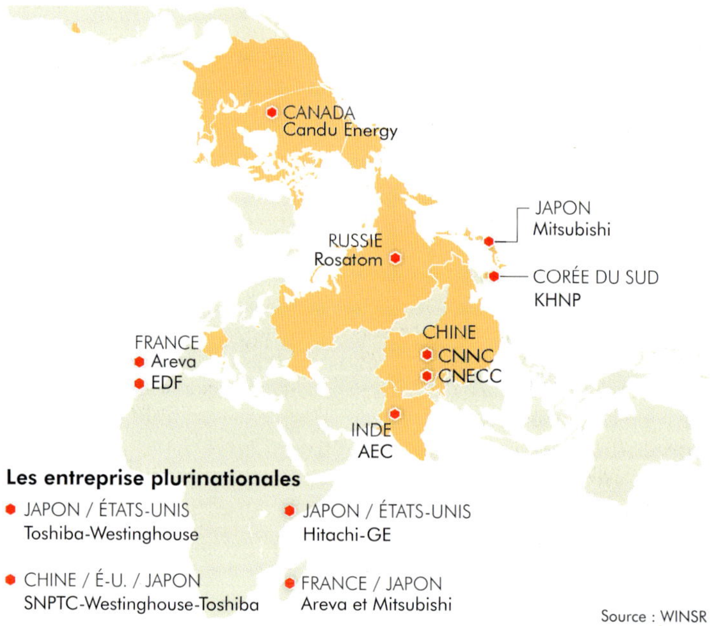

Source : WINSR

ral Electric aux États-Unis, Mitsubishi, Toshiba, Hitachi au Japon et Hyundai en Corée du Sud. Tous ces constructeurs passent de nombreux accords de coopération pour réduire les coûts et rationaliser les offres qu'ils présentent aux électriciens investisseurs. Le rachat en 2014 d'Alstom par General Electric prouve que le marché de la construction et de l'entretien des îlots conventionnels vit également une période de concentration.

À cause des normes et des législations propres à chaque pays, le marché des exploitants reste essentiellement national. Toutefois, en 2009, l'exploitant EDF, qui occupe la première place mondiale avec 58 réacteurs en France, a acheté British Energy et ses quinze unités. Le deuxième exploitant mondial est Rosenergoatom, en Russie, avec 33 réacteurs en fonctionnement. Le troisième, l'américain Exelon basé à Chicago, gère 22 réacteurs.

Une récente mondialisation

Le marché du nucléaire mondial est en pleine mutation et de nouvelles alliances, ouvertes et multiformes, voient le jour. En 2009, c'est un consortium emmené par la compagnie sud-coréenne Kepco (incluant Samsung, Hyundai, Doosan Heavy Industries, Westinghouse, Toshibapour) qui a emporté le méga-contrat de quatre centrales lancé par les Émirats arabes unis pour un montant de plus de 20 milliards de dollars. Après la Corée, qui, comme la France, a bâti son industrie nucléaire à partir d'une licence Westinghouse, la Chine pourrait être le prochain pays à exporter ses réacteurs grâce à un transfert de technologies. Les deux électriciens CNNC et CGNPC construisent déjà 20 réacteurs en Chine, acquérant au passage les technologies phares de Westinghouse et d'Areva. Ces transferts de technologie pourraient bien être à terme très pénalisants pour les leaders mondiaux actuels. Avec son réacteur de troisième génération, le CAP1400, la Chine part désormais à la conquête de nouveaux marchés. En 2013, EDF et Areva se sont associés à deux industriels chinois pour construire deux EPR en Grande-Bretagne, pour un investissement total de 19 milliards d'euros.

LES GÉNÉRATIONS DE RÉACTEURS NUCLÉAIRES

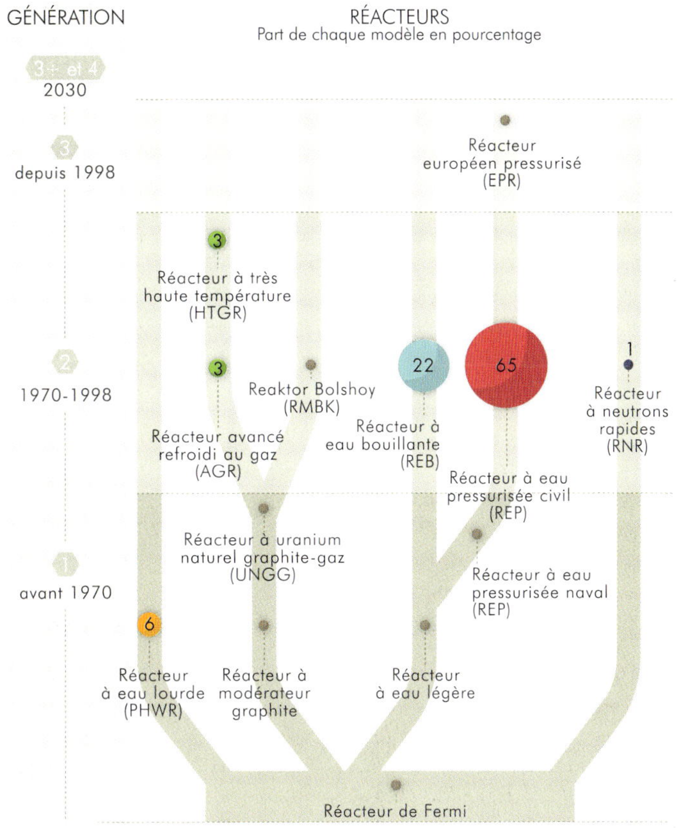

Sources : WINSR ; WNE

LES RÉACTEURS EN CONSTRUCTION

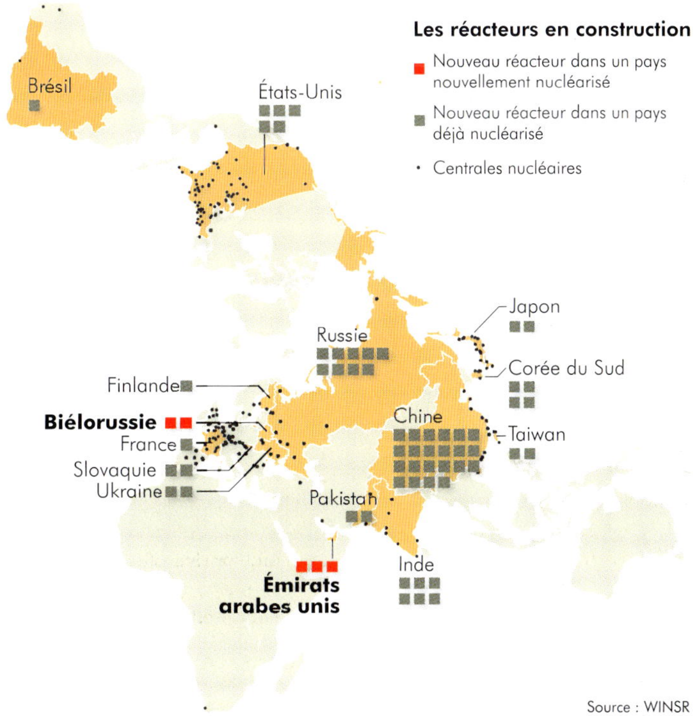

Source : WINSR

Le nucléaire hors droit (commun)

Par essence, les technologies et industries nucléaires civiles et militaires sont intimement liées, aussi bien sur le plan technologique que sur celui des acteurs. Les États historiquement dotés de l'arme nucléaire ont les premiers développé leur branche civile destinée à la production d'électricité. Cette proximité, qui a toujours posé problème, a exigé le développement de traités, d'organismes de contrôle et de régimes d'exception, c'est-à-dire en dehors du droit commun, en particulier en ce qui concerne les questions de responsabilité.

LES ZONES D'OMBRE DE LA PLANÈTE NUCLÉAIRE

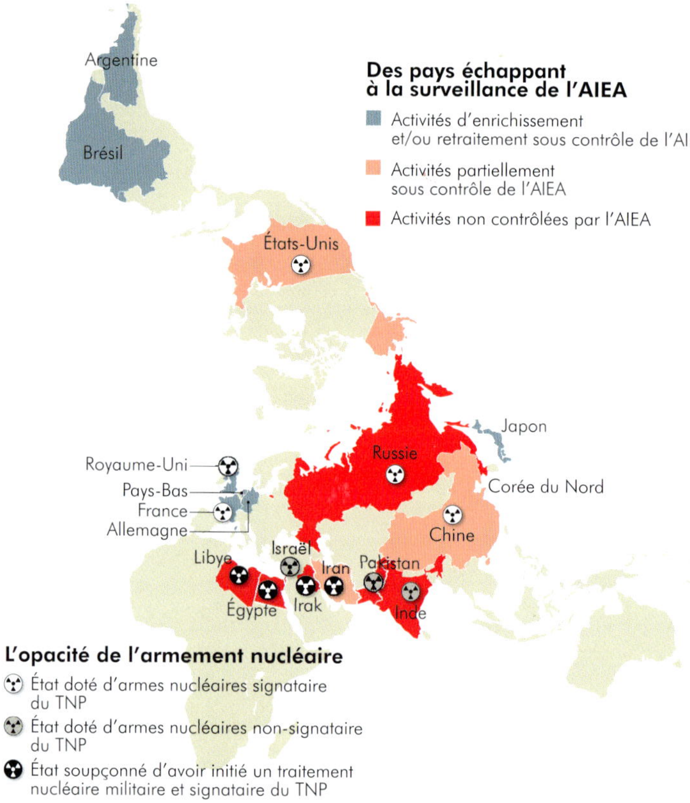

Frontière poreuse entre nucléaire civil et militaire

C'est une réalité: pour se développer, le nucléaire civil a emprunté au nucléaire militaire sa technologie, le fruit de ses recherches et de son développement. Théoriquement, la matière nucléaire peut indifféremment servir à la fabrication d'une bombe comme à la production d'électricité. En effet, selon leur format technologique et leur dimension, les usines d'enrichissement peuvent produire un combustible assez enrichi pour un usage militaire, de même que l'uranium appauvri produit lors des processus d'enrichissement a pu et peut encore être réutilisé dans des armements. En revanche, une centrale nucléaire classique ne peut servir à fabriquer une arme nucléaire.

L'AIEA, le TNP, les garanties

La porosité entre les deux sphères a conduit à la création de dispositifs de contrôle particulier hors du droit commun. Depuis 1957, l'Agence internationale de l'énergie atomique, forte de 162 membres, cherche à développer les usages civils de la technologie nucléaire tout en limitant le développement de ses applications militaires. Son mandat – renforcé en 1991 après la découverte du programme irakien – lui donne la possibilité de procéder à l'inspection des installations existantes.

En 1968, les cinq membres permanents du Conseil de sécurité de l'ONU sont toutes devenues des puissances nucléaires militaires. Devant le risque de prolifération, 43 États signent un traité de non-prolifération (TNP). Entré en vigueur en 1970, il fait une différence entre les États dotés de l'arme nucléaire avant 1967 et les autres. Les premiers s'engagent à ne pas aider d'autres pays à développer un programme nucléaire militaire. Lors de sa mise en place, le TNP prend acte de l'existence de cinq puissances nucléaires (États-Unis, Russie, Royaume-Uni, France, Chine). Les États non dotés d'armes nucléaires acceptent, d'une part, de renoncer au nucléaire militaire en échange de l'accession aux technologies nucléaires civiles. D'autre part, les cinq puissances nucléaires prennent l'engagement sans équivoque d'entamer un processus de désarmement de leurs arsenaux atomiques, selon l'article VI dudit traité. S'il y a effectivement eu une réduction de la quantité d'armes dans le monde, celles qui restent sont bien plus performantes que celles des années 1950.

Trois pays n'ont pas signé le TNP et ont procédé à des essais: Israël, l'Inde et le Pakistan. La Corée du Nord s'est quant à elle retirée du TNP en 2003, et a depuis procédé à l'explosion de deux engins nucléaires. L'Iran, l'Irak et la Libye ont mis au point des pro-

DES TECHNOLOGIES DUALES

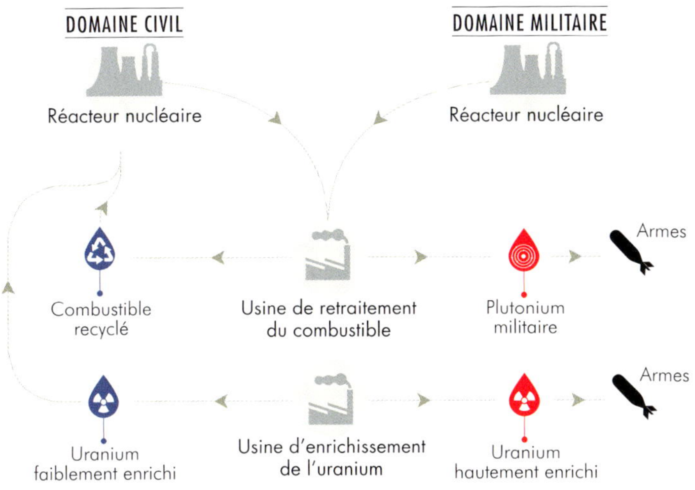

LES DEUX FILIÈRES DE FABRICATION DE LA BOMBE

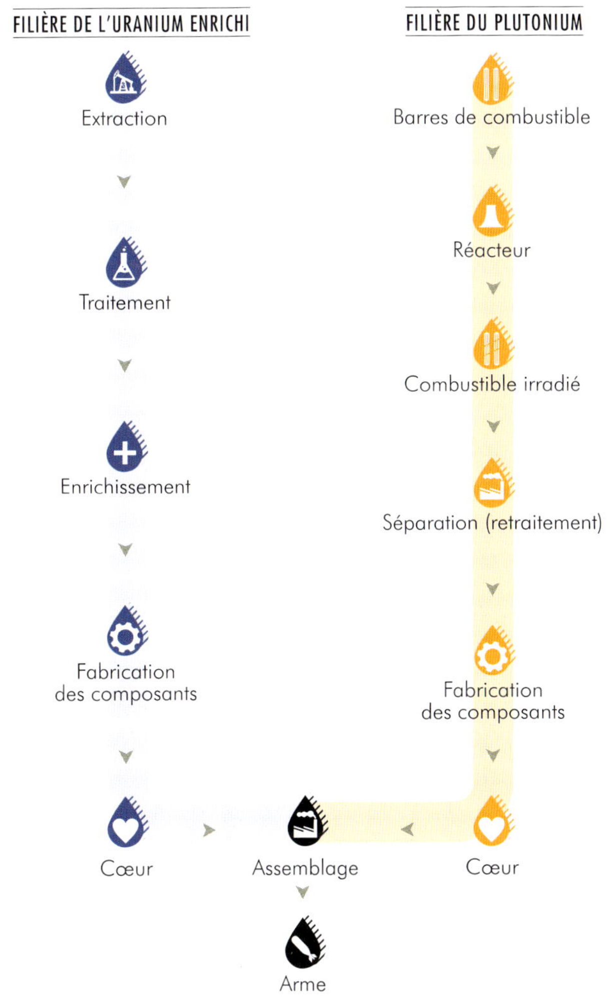

grammes clandestins. D'autres encore ont mené des programmes de développement, arrêtés depuis : l'Afrique du Sud, l'Argentine, la Biélorussie, le Brésil, le Kazakhstan, la Suède ou encore l'Ukraine. De leur côté, les pays autorisés par le TNP à détenir l'arme nucléaire ont décidé en 2008 de se lancer dans la coopération civile avec l'Inde, ce qu'ils s'étaient jusqu'ici interdit.

L'exception assurantielle

Du fait de son risque particulier, l'industrie nucléaire est parvenue à s'exonérer globalement de sa responsabilité en cas d'accident en obtenant un régime assuranciel totalement à son avantage. En Europe, les exploitants d'installations nucléaires, publics ou privés, civils ou militaires, sont couverts par la Convention de Paris du 29 juillet 1960, la Convention complémentaire de Bruxelles du 31 janvier 1963, le Protocole du 16 novembre 1982, puis celui de février 2004 modifiant cette Convention. Ces textes prévoient que la réparation des dommages causés par un accident nucléaire sera effectuée sur fonds publics, dans le cas où les dommages excéderaient le montant couvert par l'assurance ou la garantie financière de l'exploitant. Mais cette « réparation » est elle-même limitée à un strict minimum, 1,5 milliard DTS (soit presque 2 milliards d'euros). Aux États-Unis, le Congrès américain a voté en 1957 une loi relative à l'indemnisation dans l'industrie nucléaire, la loi Price-Anderson, instituant une assurance de responsabilité sans faute avec un plafond de 12,5 milliards de dollars pour l'exploitant. En France, les lois du 30 octobre 1968 et du 11 mai 1990 reposent sur le principe de la responsabilité objective de l'exploitant et de lui seul en cas d'accident nucléaire, mais limitent pour le moment cette responsabilité à 91,5 millions d'euros par accident, les coûts supplémentaires étant supportés par l'État dans la limite de 348 millions d'euros. Ces garanties publiques ne s'appliquent en fait qu'à des accidents nucléaires de niveau inférieur ou égal à 5 sur l'échelle de l'Agence internationale de l'énergie atomique (AIEA), qui s'élève jusqu'au niveau 7. Cela signifie très clairement que le risque nucléaire majeur n'est pas assuré.

Des points de controverse récurrents

Les points de controverse autour de l'industrie nucléaire ne manquent pas, à commencer par l'accès à l'information, qui est difficile et généralement biaisé. En effet, l'impact sanitaire et environnemental de cette technologie est contesté de manière permanente. Il a fallu attendre des décennies pour que soit reconnu le risque des faibles doses, et le fonctionnement normal des installations conduit à des rejets radioactifs liquides et gazeux, qualifiés de non nocifs mais qui ne cessent de s'accumuler, parfois pour des milliers d'années. Et ceci n'est rien comparé aux conséquences de Tchernobyl et Fukushima, dont le nombre de victimes reste discuté puisque tout a été fait pour rendre impossible une évaluation indiscutable, dans le but de nier les risques réels de cette industrie. Enfin, la question des déchets reste entière et non résolue. Entre l'enfouissement en couche profonde qui est envisagé et non réalisé, et la multiplication des centres de stockage qui ne sont pas étanches, le sujet est insoluble aujourd'hui.

La pollution radioactive

L'exposition radioactive est une réalité quotidienne. Elle peut être naturelle, ou artificielle, c'est-à-dire causée par un traitement médical ou par des rejets radioactifs liés à l'exploitation des centrales nucléaires. Mais elle peut également résulter d'accidents nucléaires, responsables de rejets massifs de radioactivité qui ont contaminé de très grands territoires pour de très longues années et ont un effet direct sur la santé des populations exposées, parfois dans des territoires très éloignés du lieu de l'accident.

Radioactivité naturelle et artificielle

La première source d'exposition à la radioactivité est naturelle. Elle est due au rayonnement cosmique et à la radioactivité de l'écorce terrestre, laquelle varie selon la zone géographique et l'altitude (avec une exposition moyenne de 2,4 mSv par an pour chaque humain selon l'OMS). L'autre source d'exposition est artificielle. Elle peut être imputable à la médecine nucléaire, à l'utilisation de produits au radium (seringues, réveils, montres…) ou au fonctionnement des installations nucléaires. L'exposition d'origine artificielle est généralement extrêmement faible en dehors des catastrophes nucléaires. Néanmoins, elle n'est pas négligeable pour des populations spécifiques, notamment les salariés de l'extraction d'uranium, des centrales ou encore les habitants vivant à proximité des installations.

Les rayonnements ionisants

Les rayonnements sont des émissions d'énergie ou des faisceaux de particules auxquels nous sommes quotidiennement exposés. La plupart d'entre eux – radio, téléphonie mobile ou micro-ondes – ne sont pas ionisants. Certains le sont, comme les rayons X ou gamma, car ils émettent suffisamment d'énergie pour faire perdre ou gagner des électrons aux atomes qu'ils percutent, ce qui les

LES RAYONNEMENTS ALPHA, BETA, GAMMA ET LES NEUTRONS

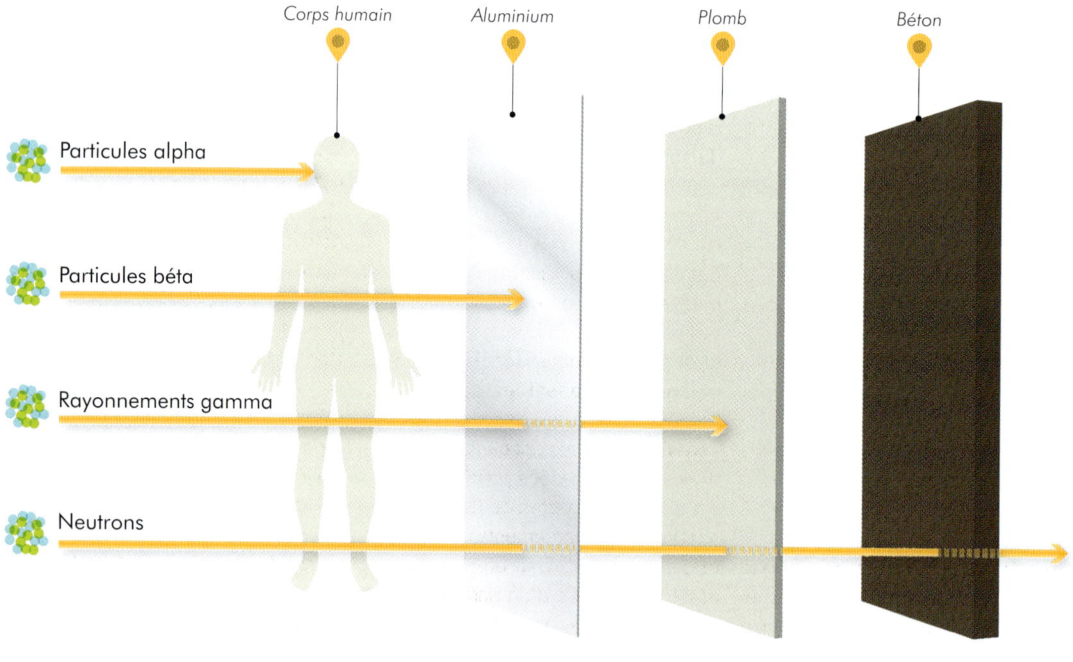

LES EFFETS DE L'IRRADIATION DU CORPS HUMAIN

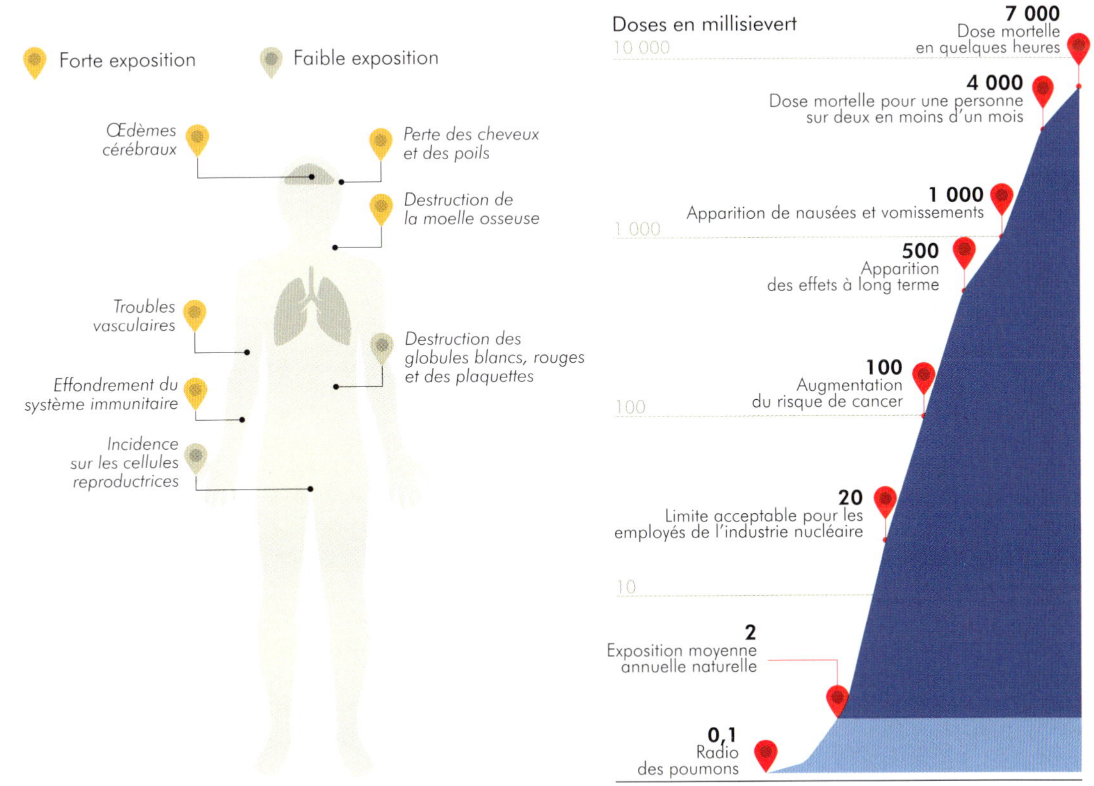

rend instables. Il existe trois types de rayonnements : alpha, beta et gamma avec des effets différents sur l'organisme et des moyens différents pour se protéger. Selon son type et sa dose, le rayonnement provoque des effets différents sur l'organisme. L'énergie dégagée n'est pas identique pour tous les rayonnements et les moyens de s'en protéger sont différents. Par exemple, une feuille de papier est suffisante pour arrêter les rayonnements alpha tandis qu'il faut un mètre de béton ou de plomb pour arrêter des rayonnements gamma.

Irradiation et contamination

Une exposition externe aux rayonnements ionisants est une irradiation. Dans ce cas, l'exposition cesse dès lors que la source de radioactivité est éloignée de la personne ou si un écran (blindage) est interposé entre la personne et la source. En revanche, une exposition interne aux particules radioactives est une contamination. Il peut s'agir de pénétration dans l'organisme soit par inhalation de particules radioactives présentes dans l'air, soit par ingestion d'aliments contaminés ou par le contact direct avec la peau ou une plaie (on parle dans ce cas de « contamination externe »). Lors d'une contamination, l'exposition aux particules radioactives se poursuit tant que la source est à l'intérieur ou au contact du corps.

La nécessaire prise en compte des faibles doses

Les études épidémiologiques qui permettent d'estimer le risque de cancer radio induit chez l'homme sont entachées de nombreuses incertitudes puisqu'elles varient en fonction du modèle utilisé et des données de base. Les limites initiales ont été fixées à partir des études menées pendant plus de soixante ans sur près de 90 000 survivants des bombardements d'Hiroshima et de Nagasaki. Ces études avaient établi la certitude d'un risque de cancer pour une exposition aux rayons ionisants supérieure à 100 millisieverts (mSv). Dans un premier temps, en deçà de cette limite considérée comme celle des « faibles doses », les scientifiques n'avaient retenu aucun risque établi. Mais, la relation linéaire entre l'effet et la dose est remise en cause depuis que des effets à faibles doses ont été constatés sur la population. Depuis 1990, la Commission internationale de protection radiologique (CIPR) reconnaît officiellement qu'« il n'y a pas de seuil en dessous duquel il n'y a aucun effet » (article 21). Même faibles, les doses de radiations peuvent donc avoir des conséquences sur la santé. C'est le cas de l'iode radioactif qui se fixe sur la thyroïde et peut provoquer des cancers. La dose artificielle-seuil a donc été abaissée : elle passe de 50 mSv/an à 20 mSv/an pour les travailleurs du nucléaire et à 1 mSv/an pour le public. Une étude commandée par le gouvernement britannique a également prouvé que les populations vivant à proximité du site de l'usine de Sellafield ont sensiblement plus de risques de souffrir d'une leucémie. Des résultats analogues ont été trouvés pour les enfants vivant à proximité de La Hague.

Un risque sous-évalué

La sécurité et la sûreté nucléaires sont basées sur une approche déterministe complétée par une approche probabiliste. L'approche probabiliste a été primordiale pour le développement du nucléaire, rassurant les décideurs sur la faiblesse du risque, avec notamment le rapport Rasmussen de 1975, qui prédisait un accident majeur par million d'années pour chaque réacteur soit un accident tous les 22 000 ans ! L'accident de Fukushima a définitivement remis en cause les systèmes d'analyse antérieure.

La pollution radioactive des milieux

Le secteur énergétique s'accapare 57 % des 34 milliards de mètres cubes d'eau prélevés chaque année, les autres usages de l'eau potable se réservant 18 % de l'ensemble, l'agriculture 15 % et l'industrie 10 %. Les centrales nucléaires doivent être refroidies ; elles ont été construites soient en circuit ouvert (l'eau prélevée dans le milieu naturel y retourne directement) soit en circuit fermé (la chaleur est cédée à l'atmosphère, l'eau étant rejetée par évaporation via des tours aéroréfrigérantes). C'est au cours de ces échanges que certains radionucléides ainsi que des produits de fission ou des produits d'activation de la réaction nucléaire sont rejetés dans l'environnement, en plus ou moins grande quantité. Les rejets gazeux sont relargués dans la nature après avoir été stockés pour faire baisser leur radioactivité. Les niveaux des rejets et du réchauffement de l'eau sont fixés par la réglementation en fonction des capacités techniques et des besoins sanitaires mais dans tous les cas s'accumulent dans la chaîne alimentaire. Ces règles sont fixées par deux organismes internationaux : le Comité scientifique de l'ONU sur les conséquences des émissions radioactives (UNSCEAR) et la Commission internationale de protection radiologique (CIPR), sous forme de recommandations.

LE RISQUE NUCLÉAIRE EN FRANCE, LE CAS DU BLAYAIS EN GIRONDE

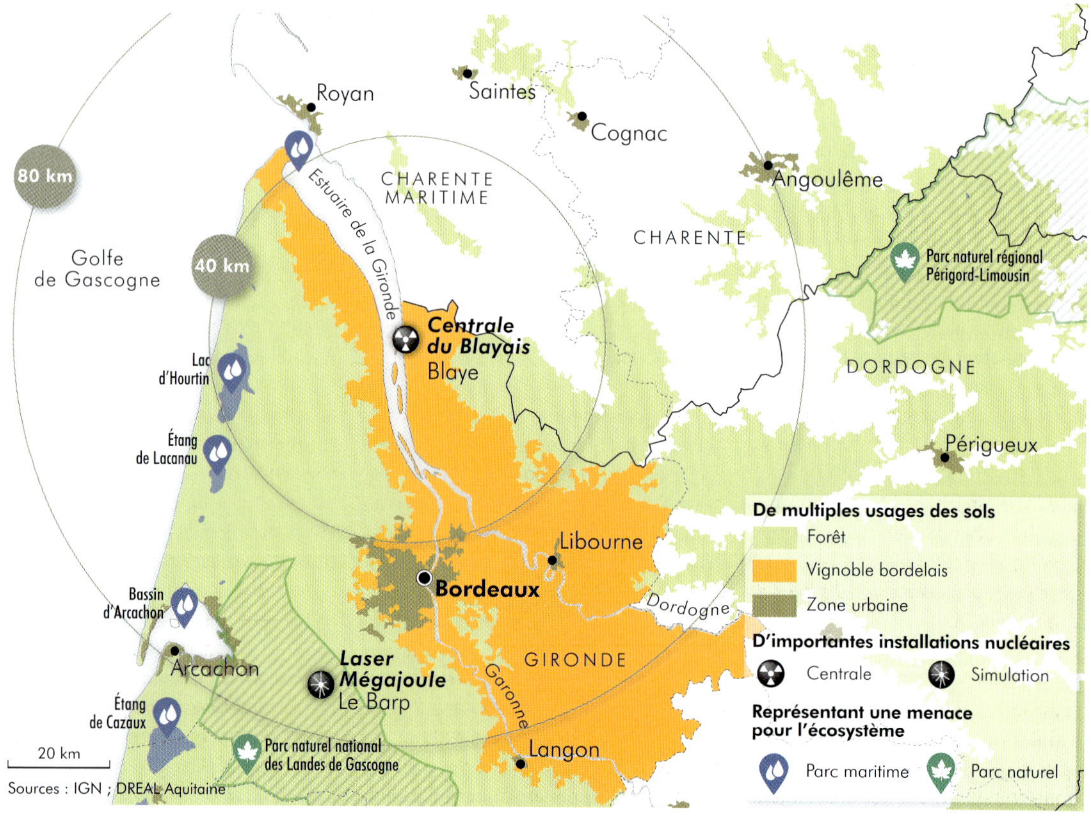

Sources : IGN ; DREAL Aquitaine

LES REJETS D'UNE CENTRALE

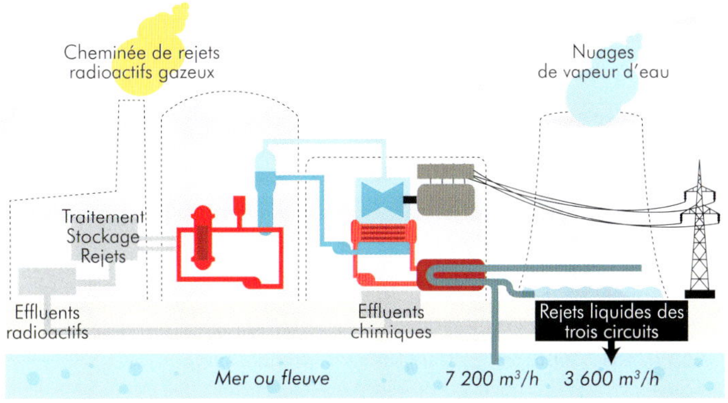

L'ÉCHELLE INES

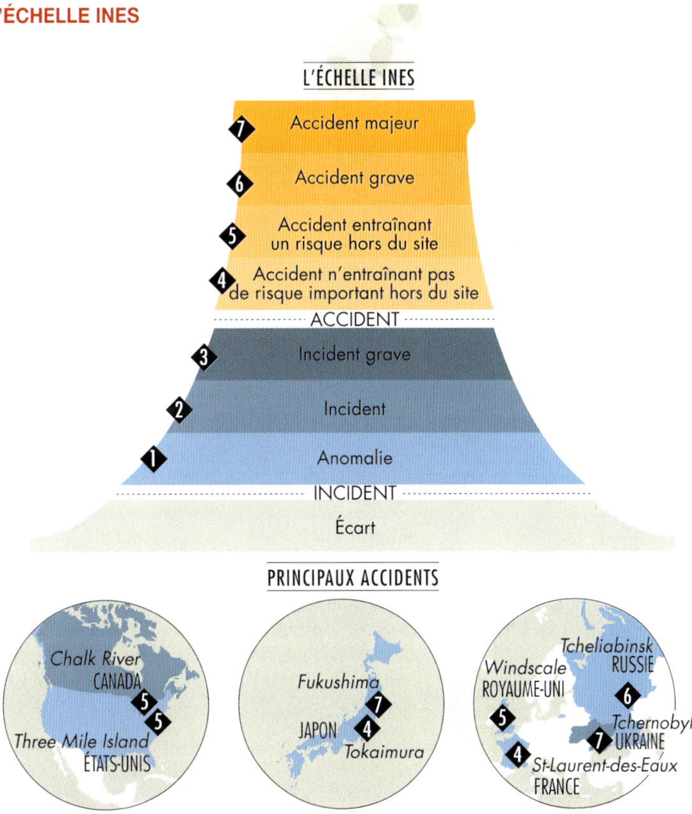

La protection des réacteurs

Un système de protection des réacteurs est prévu dès la conception dans le but de détecter les situations anormales, provoquer le déclenchement des systèmes de sauvegarde appropriés en situation accidentelle et/ou l'arrêt du réacteur. Il possède deux voies redondantes, c'est-à-dire identiques et indépendantes, chacune d'entre elles suffisant à remplir l'ensemble des fonctions de sûreté dévolues au système de protection. Ce système surveille en permanence d'importants paramètres de processus du réacteur. En cas de dépassement de valeurs limites admissibles, il émet automatiquement le signal d'arrêt d'urgence du réacteur et déclenche si nécessaire d'autres systèmes de sécurité comme le refroidissement de secours, l'isolement du circuit primaire et/ou l'isolement de l'enceinte de confinement.

L'échelle INES et les principaux accidents

À l'instar de l'échelle Richter qui informe de la puissance d'un tremblement de terre, l'échelle internationale de l'événement nucléaire (INES) qualifie la gravité d'un événement nucléaire afin que médias et populations puissent appréhender le phénomène. Utilisée depuis 1991, l'échelle INES comporte huit niveaux de gravité, de 0 à 7.

Le niveau 0 correspond à un écart de fonctionnement et ne représente aucune importance du point de vue de la sûreté nucléaire. Les niveaux 1 à 3 correspondent à des « incidents » tandis que les niveaux 4 à 7 à des « accidents » avec des rejets de matière radioactive dans l'environnement. À ce jour, deux événements ont été classés au niveau 7 : l'accident de la centrale de Tchernobyl en Ukraine, survenu en avril 1986, et celui de la centrale de Fukushima Daiichi au Japon en mars 2011. Mais, chaque pays dispose d'une marge de manœuvre pour classer les événements, ce qui rend parfois la comparaison difficile.

Les risques systémiques

De par leur conception, les centrales nucléaires peuvent présenter des risques systémiques. C'est ce qui arrive lorsque toutes les centrales du même modèle présentent le même défaut, ce qui accroît alors le risque d'accident. En 2012, l'Agence fédérale de contrôle nucléaire belge découvre plus de 8 000 microfissures sur la cuve du réacteur de la centrale Doel 3. Des contrôles ultérieurs révèlent le même type de microfissures sur les centrales de Tihange et Doel. Le défaut constaté se retrouve sur les réacteurs dont la cuve a été construite par le même fabricant, Japan Steel Works. Cette anomalie de fabrication conduit à des arrêts concomitants de tous les réacteurs et constitue un grave trouble de la sécurité d'approvisionnement énergétique. En septembre 2013, en France, l'Institut de radioprotection et de sûreté nucléaire (IRSN) révèle des écarts de conformité de refus de fermeture des disjoncteurs sur les centrales de 1 300 MW. Le quotidien *Mediapart* révèle aussi des problèmes de corrosion dans 25 des 58 réacteurs français. Enfin, une note de l'IRSN de janvier 2015 révèle un risque de manque de résistance des cuves des réacteurs de plus de 600 MW (c'est-à-dire tout le parc français) en cas d'accident.

Sûreté et sécurité : la transparence en question

Pour l'industrie nucléaire civile qui puise ses origines dans les technologies militaires, la transparence et l'indépendance restent des défis difficiles à relever. Pourtant, elles sont essentielles pour assurer la sécurité et la sûreté des installations mais aussi pour permettre la confiance du public et améliorer son image. Depuis plusieurs années, les organismes de contrôle tentent de s'affranchir des pouvoirs politiques et de l'industrie, avec plus ou moins de difficultés.

Sécurité et sûreté

La sûreté concerne les conditions d'exploitation et la prévention des accidents (ou l'atténuation de leurs conséquences) et vise la protection du public et des travailleurs de l'environnement contre les risques radiologiques. La sécurité s'intéresse à la protection extérieure des installations (vol, sabotage, transfert illégal et autres actes malveillants). La spécificité de l'industrie nucléaire tient donc plus particulièrement à la sûreté qui comprend la radioprotection. Selon le cadre proposé par l'AIEA, chaque pays doit désigner une autorité compétente, la mise en œuvre d'un système d'autorisation, l'évaluation des dispositions prises par les opérateurs et la mise en œuvre de systèmes d'inspection. L'AIEA impose l'indépendance des autorités qui gèrent la sécurité et la sûreté nucléaire. Les premiers responsables de la sécurité et la sûreté nucléaire sont les opérateurs nucléaires, qui doivent contrôler leurs installations et ne peuvent transférer cette compétence. Les États ont l'obligation de vérifier que ces dispositions sont bien respectées, et de veiller à la protection des installations nucléaires contre des actes de malveillance.

De la conception à l'exploitation, mais aussi dans la gestion du transport et de stockage des déchets, la mise à jour constante des référentiels de sécurité et de sûreté est un impératif. La gestion de crises en fait aussi partie, avec l'obligation de disposer de plans d'urgence et d'évacuation et de procéder à des exercices réguliers, pour pouvoir répondre immédiatement en cas d'accident.

Les autorités de sûreté

Les autorités de sûreté nucléaire, théoriquement indépendantes de l'industrie et des pouvoirs publics, bénéficient d'un budget pour assurer trois missions : la réglementation de l'industrie, le contrôle des installations et l'information du public. Les autorités des principaux pays nucléarisés (Allemagne, Canada, Espagne, États-Unis, France, Japon, Royaume-Uni, Suède) sont réunies au sein de l'Association internationale des régulateurs nucléaires. En Europe de l'Ouest, où près d'un tiers de l'électricité est d'origine nucléaire, les autorités de sûreté sont réunies au sein de l'Association des régulations nucléaire d'Europe de l'Ouest (Wenra), laquelle a recommandé et obtenu la fermeture de huit réacteurs chez trois candidats à l'adhésion à l'Union européenne (Lituanie, Slovaquie et Bulgarie). En France, depuis 2006, l'Autorité de sûreté nucléaire (ASN) dispose du statut d'autorité administrative indépendante des pouvoirs publics.

Des règles qui évoluent

L'exposition aux rayonnements ionisants est limitée pour la population à 1 mSv/an en France et selon les règles de la CIPR ce chiffre peut monter à 20 mSv/an pour certains professionnels – ils sont 250 000 en France – travailleurs du nucléaire et, surtout, du secteur médical. Après la catastrophe de Tchernobyl, tous les territoires au-delà de 5 mSv/an ont été évacués. À Fukushima, le seuil pour les travailleurs du nucléaire a été relevé à 100 mSv suite à l'accident, puis quatre jours plus tard à 250 mSv, l'évacuation des zones de contamination étant ordonnées lorsque l'on dépasse 20 mSv/an.

Un contrôle indépendant ?

En théorie, les autorités de sûreté sont censées être indépendantes, mais le cas de la catastrophe de Fukushima

LES SEUILS AUTORISÉS POUR LA POPULATION

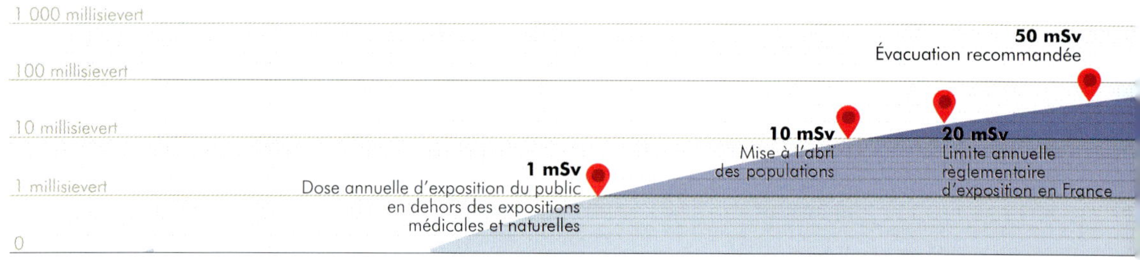

LES AUTORITÉS ET LEURS PÉRIMÈTRES DE COMPÉTENCE

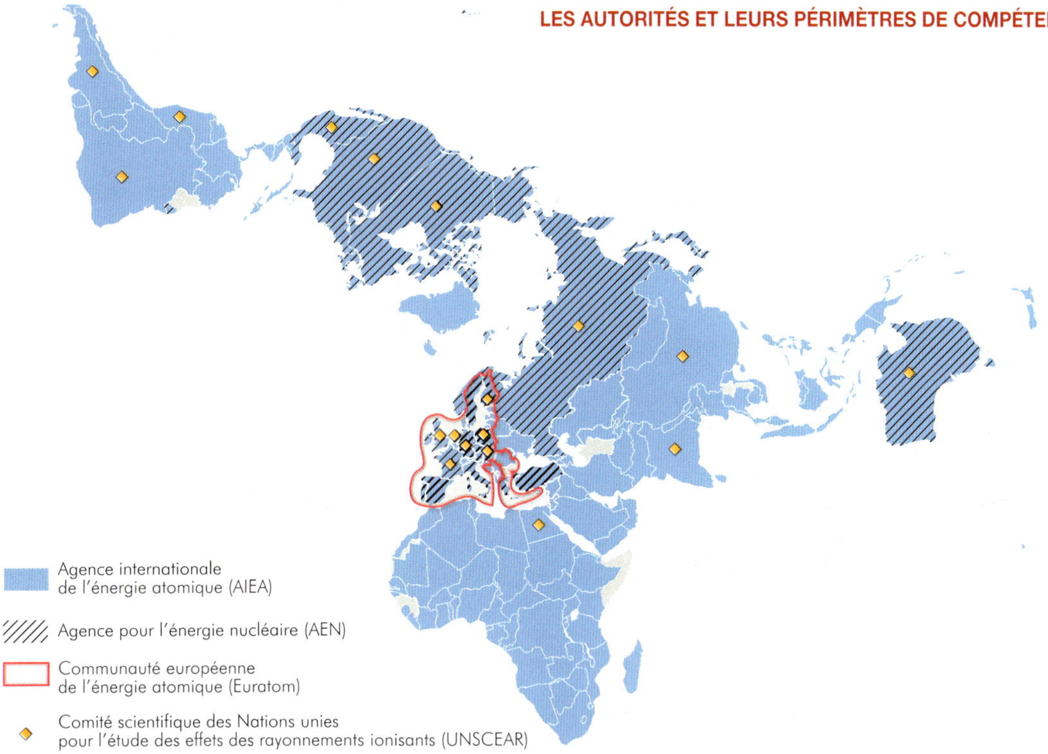

a mis en lumière de graves dysfonctionnements. L'Agence de la sûreté industrielle et nucléaire (NISA), alors sous tutelle du ministère de l'Économie japonais, ne disposait ni du budget, ni du personnel nécessaires pour assurer ses missions et dépendait fortement des acteurs industriels du secteur, Toshiba et Mitsubishi. En 2012, la NISA et la Commission de sûreté nucléaire (NSC) ont été remplacées par l'Autorité de régulation nucléaire (ARN), directement rattachée au ministère de l'Environnement. Les faiblesses relevées par la commission indépendante japonaise quant au fonctionnement de l'autorité de sûreté se retrouvent dans d'autres pays, pour les mêmes causes.

Une transparence toute relative

Des accidents initiaux concernant la filière nucléaire civile et militaire, à la gestion des acteurs du nucléaire de nos jours, la transparence est une chimère. Et cette absence de transparence ne concerne pas uniquement les risques liés à l'industrie, elle concerne aussi tous les aspects socio-économiques liés à la technologie.

En France, selon la loi sur la transparence et la sûreté nucléaire (loi TSN) votée en 2006, toute personne a le droit d'être informée sur les risques liés aux activités nucléaires. Ce texte renforce le statut de l'Autorité de sûreté nucléaire (ASN) et réaffirme le rôle des Commissions locales d'information, propres à chaque installation nucléaire. Elles sont chargées d'une mission générale de suivi, d'information et de concertation en matière de sûreté nucléaire, de radioprotection et d'impact des activités nucléaires sur les personnes et l'environnement. Le Haut Comité pour la transparence et l'information sur la sécurité nucléaire (HCTISN) est une instance d'information, de retour concertation et de débat sur les risques et l'impact des activités nucléaires sur la santé, l'environnement et la sécurité. Pluraliste, il se compose de députés, de responsables industriels ou d'associations de protection de l'environnement et de scientifiques indépendants. Mais restent les informations parcimonieuses et souvent couvertes par le secret défense.

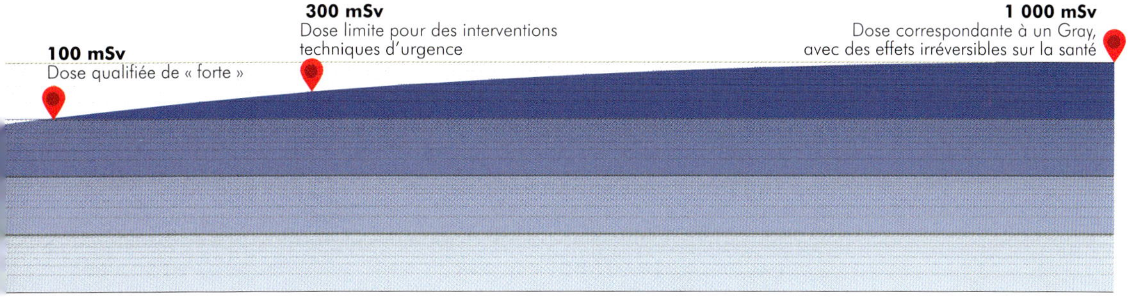

Les déchets et leur gestion

On appelle déchet radioactif toute matière radioactive qui ne peut pas être réutilisée. Du fait de leur radiotoxicité, potentiellement dangereuse pour l'homme et pour l'environnement, les déchets radioactifs sont gérés de façon spécifique. Cette gestion est encadrée par la loi.

Typologie des déchets

En France, les déchets radioactifs sont classés selon leur niveau de radioactivité et leur période radioactive. Le niveau de radioactivité s'exprime en Becquerels (Bq) par gramme ou kilogramme. Il correspond à la quantité de rayonnements émis par les radionucléides. On distingue quatre niveaux de radioactivité : la haute activité (HA), la moyenne activité (MA), la faible activité (FA) et la très faible activité (TFA).

La période, autrement appelée demi-vie, s'exprime en jours, minutes ou secondes. Elle quantifie le temps au bout duquel l'activité d'un radionucléide est divisée par deux. On distingue les déchets à période « très courte », c'est-à-dire inférieure à 100 jours, comme la plupart des radionucléides à usage médical ; à période « courte », c'est-à-dire inférieure à 31 ans ; à période « longue », c'est à dire supérieure à 31 ans. Ainsi, un radionucléide comme le césium-137, dont la demi-vie est de 30 ans, perd la moitié de sa radioactivité au bout de trente ans. On considère en général que cette radioactivité est presque nulle après dix périodes, soit près de 300 ans.

Les paramètres de classification des déchets radioactifs diffèrent d'un pays à l'autre. Ainsi, certains pays comme le Japon ont préféré un classement par filière de production, alors qu'en Allemagne, la classification dépend du dégagement de chaleur des colis de déchets.

LES TYPES DE DÉCHETS

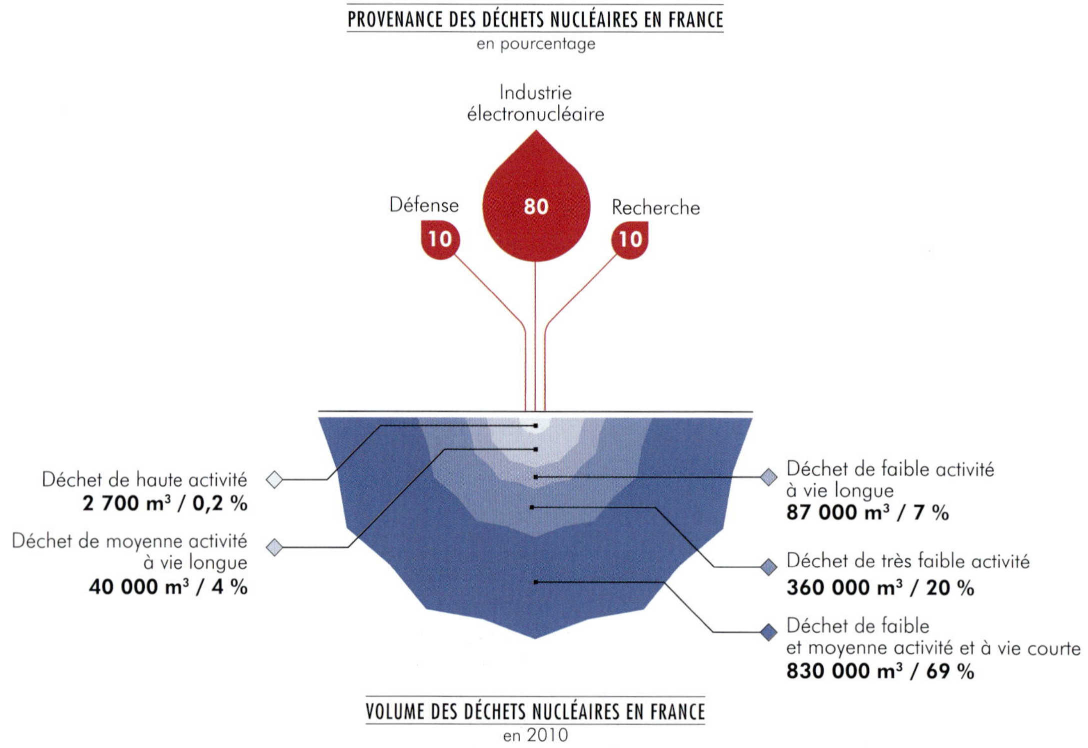

Source : Andra

RÉPARTITION MONDIALE DES DÉCHETS NUCLÉAIRES

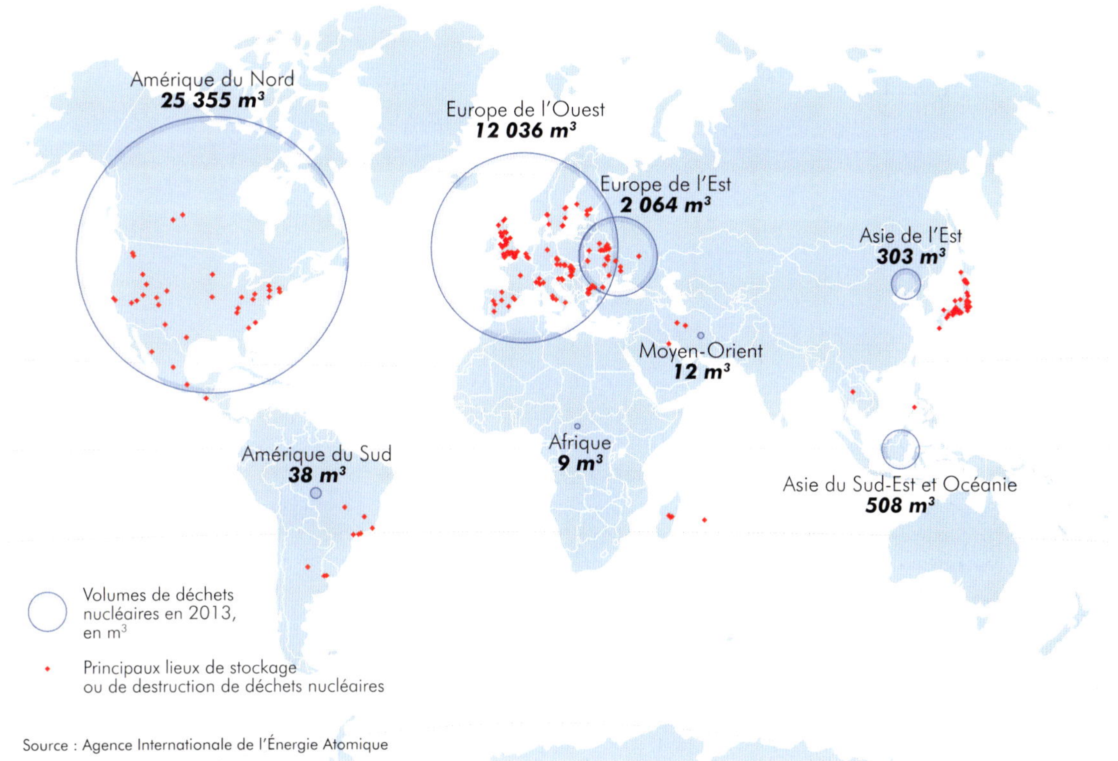

Source : Agence Internationale de l'Énergie Atomique

Inventaire

Chaque année, les installations nucléaires mondiales génèrent 200 000 m³ de déchets de faible et moyenne activité et environ 10 000 m³ de déchets hautement radioactifs. Le volume de déchets produits par l'industrie nucléaire est relativement faible en comparaison des volumes issus d'autres industries, mais ces déchets sont autrement plus dangereux et délicats à manipuler. Par comparaison, les pays de l'OCDE produisent 300 millions de tonnes de déchets toxiques et « seulement » 40 000 m³ de déchets radioactifs. En France, l'Agence nationale de gestion des déchets radioactifs (Andra), créée en 1991, a pour mission de gérer le devenir de ces déchets et de dresser leur inventaire. Le dernier en date, publié en 2012, fait état de 1 320 000 m³ de déchets. D'ici à 2030, le volume global devrait atteindre 2 700 000 m³.

Retraitement ou pas

Il existe deux manières d'appréhender les combustibles usés extraits des réacteurs : soit sous forme d'un cycle ouvert (les combustibles usés sont stockés dans les piscines) soit sous forme d'un cycle fermé avec utilisation d'une technologie de retraitement des combustibles usés.

Le retraitement de l'uranium irradié a été développé durant la Seconde Guerre mondiale puis la guerre froide pour extraire le plutonium dont on faisait les bombes atomiques. Les combustibles usés qui sortent des réacteurs intéressent donc les producteurs d'électricité et les militaires car ils contiennent des matières réutilisables stratégiques, comme l'uranium et le plutonium. Ces procédés ultra-sensibles sont restés longtemps secrets et le retraitement reste au cœur des questions de non-prolifération. Certains pays ont pris l'option de retraiter ce combustible comme le Japon, le Royaume-Uni et la France qui possède la plus grande usine de retraitement au monde à La Hague. D'autres comme les États-Unis refusent d'employer cette technique par manque de rentabilité économique.

Spécificité française

La France a opté pour le retraitement des combustibles usés. On parle donc d'un cycle du combustible « fermé » car l'uranium et le plutonium sont potentiellement réutilisables dans la fabrication de nouveaux combustibles nucléaires. Le plutonium issu du retraitement est utilisé pour fabriquer du combustible MOX (mélange d'oxydes d'uranium et de plutonium) qui sera brûlé dans 22 réacteurs du parc français. L'uranium de retraitement, lui, est pour l'instant stocké sur le site de Pierrelatte. Pour l'heure, il n'est pas suffisamment compétitif vis-à-vis des cours actuels de l'uranium naturel.

La gestion des déchets : les choix à faire

L'impasse qui a été faite sur la question des déchets a conduit à une période d'errements dans les « solutions » à mettre en place, puisque précisément il n'y avait pas de solution de traitement sûre et définitive pour les déchets. Or, la dangerosité des déchets les plus hautement radioactifs impose des choix sûrs et durables. Un débat existe aujourd'hui dans le monde sur la possibilité d'enfouissement des colis les plus dangereux en couche géologique profonde.

LA RADIOACTIVITÉ DANS LES EAUX DE LA MANCHE

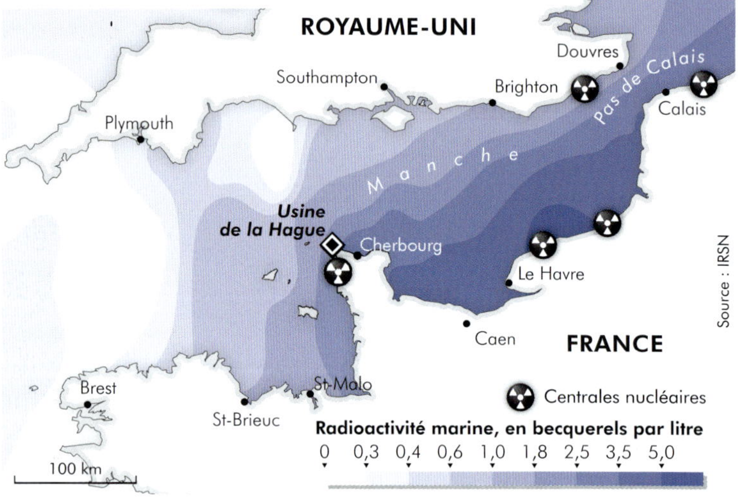

Histoire de cette gestion

Au début du programme nucléaire civil, les puissances nucléaires européennes et américaines ont opté pour le rejet en mer des déchets de faible activité. En 1967 et 1969, la France immerge ainsi 14 200 tonnes de déchets sur deux sites au large de l'Espagne et de la Bretagne par plus de 4 000 mètres de profondeur. Jusqu'en 1982, au niveau mondial, plus de 100 000 tonnes de déchets radioactifs ont été déversées dans les océans. L'option choisie devait permettre d'assurer le caractère totalement inerte de ces déchets, entassés dans des conteneurs en béton. En moins de 30 ans, ses conteneurs étaient au mieux percés au pire totalement éventrés, ce qui appelle à la plus grande prudence sur des solutions présentées comme sûres et pérennes. En 1993, la Convention internationale de Londres interdit définitivement le rejet de déchets radioactifs en mer. Toutefois, cette pratique se perpétue. À la fin des années 1990, les confessions d'un repenti de la mafia italienne révèlent l'existence d'au moins un cargo sabordé au large des côtes italiennes contenant plus de 120 fûts radioactifs.

Depuis les rejets en mer des années 1960, la gestion des déchets radioactifs a considérablement évolué. Après avoir envisagé de les expédier dans l'espace ou de les enfouir dans les profondeurs de l'océan, la plupart des pays ont opté pour un stockage en piscine et un entreposage en surface et imagine des scénarios d'enfouissement en grande profondeur.

Les options principales

Selon leur dangerosité ou leur période, les déchets peuvent être mis en attente, entreposés temporairement ou stockés définitivement. L'entreposage consiste à placer des matières radioactives dans une installation spécialement aménagée à cet effet, en surface ou en faible profondeur, dans des conditions sûres pour les personnes et l'environnement. Ces matières seront ensuite récupérées en vue de leur traitement ou de leur évacuation vers des filières de stockage. Le stockage, lui, peut se faire en surface ou en couche géologique profonde.

La plupart des pays ont leur propre stratégie de « gestion » des déchets radioactifs, tout dépend de leur catégorie. Pour les déchets de haute activité à vie longue (HA-VL), nombre de pays ont opté pour étudier le stockage en couche géologique profonde comme les États-Unis, la Suisse, la France, le Canada, le Japon, la Suède et la Finlande. En France, une loi encadre strictement la gestion des déchets radioactifs. Réactualisée en 2006, celle-ci privilégie trois axes de recherche : la réduction de la quantité et de la nocivité des déchets, notamment via la technique de séparation poussée/transmutation ; l'entreposage comme étape préalable, notamment dans la perspective d'opérations de traitement des combustibles et des déchets, ou de stockage des déchets ; après l'entreposage, le stockage en couche géologique profonde comme solution pérenne pour les déchets ultimes ne pouvant être stockés en surface ou en faible profondeur. Cependant, à ce jour, aucun site d'accueil de déchets ultimes n'a été réalisé dans le monde et certaines tentatives ont été un fiasco (Asse en Allemagne) ou un aban-

LES DÉCHETS RADIOACTIFS EN MER

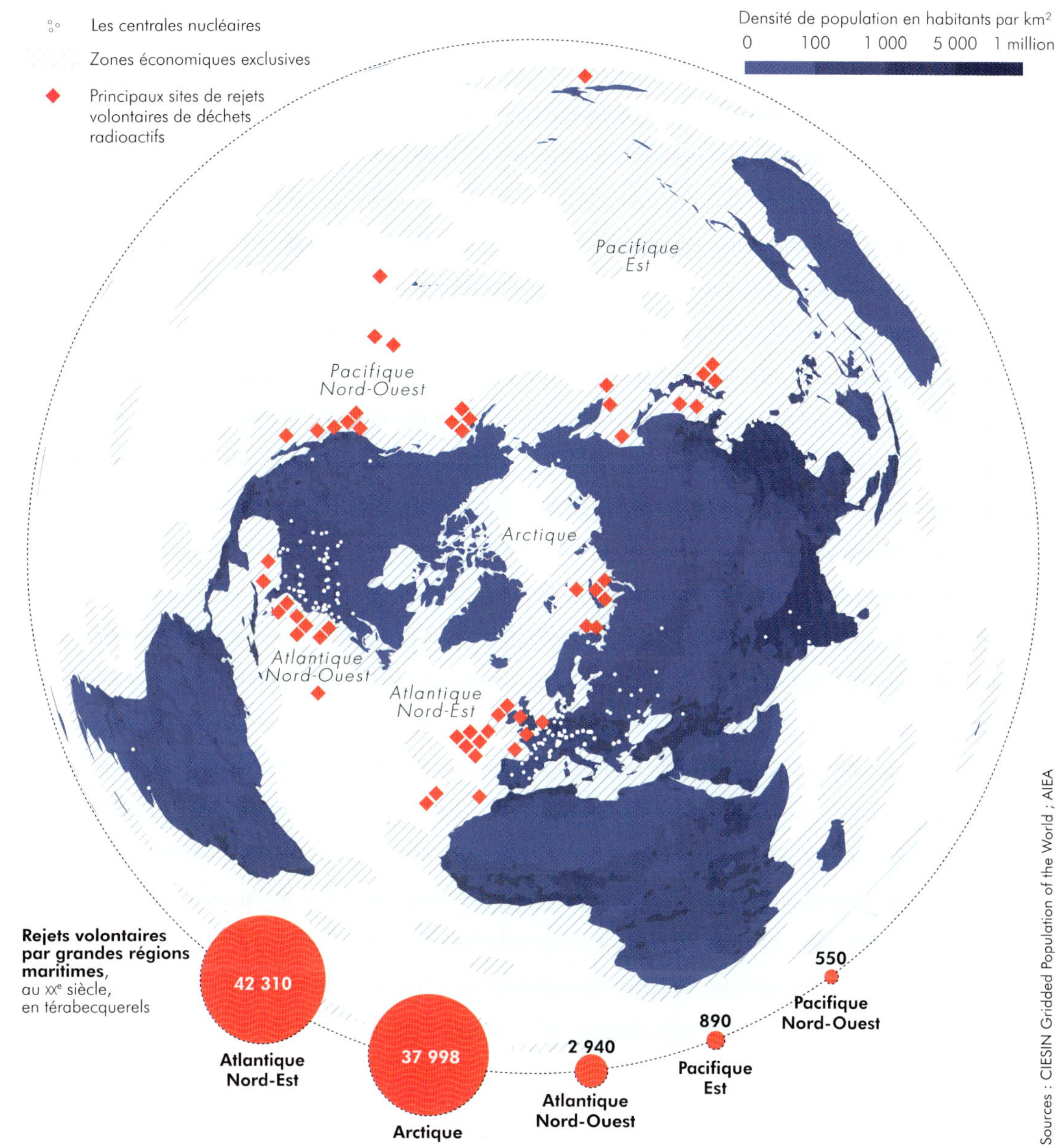

don (Yucca Mountain aux États Unis). Le projet Cigeo en France se heurte à de très fortes critiques et difficultés: coût très élevé, irréversibilité, sécurité à long terme.

Le pari sur l'avenir

Les déchets radioactifs exigent une surveillance de tous les instants pour suivre leur évolution dans le temps et vérifier que le site respecte les principes de sûreté. Par exemple, le centre de stockage de la Manche, situé à La Hague, ne reçoit plus de déchets depuis 1994 mais reste surveillé depuis 2003 et fait l'objet de critiques de plus en plus précises de la part de l'autorité de sûreté. La période d'activité de certains de ces colis mobilise les cerveaux humains dans des échelles de temps inimaginables. Or, le défi consiste à mettre en place des systèmes de surveillance qui survivraient aux institutions ou/et aux régimes politiques. Pour certains déchets dont la période dépasse plusieurs dizaines de milliers d'années, le principal pari consiste à conserver une mémoire à l'échelle pluri-millénaire. Or, du passé, il nous reste aujourd'hui un patrimoine composé de peintures rupestres, de parchemins, d'objets divers manufacturés et d'ouvrages d'art (mégalithes, pyramides…). Si la conservation de la mémoire pendant une très longue période est possible, elle n'en est pas moins complexe: quel sera le sens de cette mémoire ?

Les accidents majeurs : Tchernobyl

26 avril 1986. Ce jour-là, Tchernobyl entre durablement dans l'histoire nucléaire et change radicalement l'appréhension de cette industrie. Près de trente ans plus tard, la catastrophe est toujours en cours. À cheval sur la Russie, l'Ukraine et la Biélorussie, des millions de personnes vivent encore en territoire contaminé. Même à l'arrêt, la centrale emploie 3000 personnes pour sa surveillance et présente encore de nombreux risques.

L'histoire

L'incident se produit lors d'un test sur le réacteur n° 4 destiné à tester l'alimentation électrique de secours dans la nuit du 25 au 26 avril 1986. Lors de ce test, les opérateurs commettent une série d'erreurs qui entraînent la montée en puissance subite du réacteur. Devenu incontrôlable, celui-ci explose, projetant en l'air les 2 000 tonnes de la dalle en béton qui le recouvre. Un incendie se déclare. Des pompiers de la ville voisine de Prypiat se précipitent sur les lieux. Aucun d'eux ne survivra aux puissantes irradiations subies.

L'énergie libérée par l'explosion entraîne l'émission dans l'atmosphère des produits radioactifs contenus dans le cœur du réacteur. Entre le 26 avril et la mi-mai 1986, le panache radioactif dissémine des éléments tels que l'iode-131, le césium-134 et le césium-137 sur la plupart des pays d'Europe, notamment l'Allemagne, la France et le nord de l'Italie, où il parvient entre le 30 avril et le 5 mai. Au total, ce sont près de 12 milliards de milliards de becquerels qui, en dix jours, partent dans l'environnement, soit 30 000 fois l'ensemble des rejets radioactifs atmosphériques émis en une année par les installations nucléaires alors en exploitation dans le monde!

Jusqu'au 10 mai, plus de 5 000 tonnes de matériaux (plomb, bore, sable, argile, etc.) sont déversées par hélicoptère pour recouvrir le réacteur. Selon l'OCDE, entre mai et décembre

L'IMPACT SANITAIRE, DEUX GÉNÉRATIONS PLUS TARD

Sources : Atlas of Ukraine radioactive contamination, 2011 ; CIESIN Gridded Population of the World

1986, 600 000 personnes environ, liquidateurs d'Ukraine, de Biélorussie, de Lettonie, de Lituanie et de Russie sont envoyées en renfort pour nettoyer, décontaminer et, finalement, construire un sarcophage destiné à isoler, au moins un temps, les matières radioactives. Des dizaines de milliers de liquidateurs y laisseront leur vie sans que l'on puisse réellement savoir le nombre de victimes, décédés et malades.

Près de 36 heures après l'accident, les 50 000 habitants de la ville de Prypiat, située à 2 km du réacteur accidenté, ont été évacués. Depuis, cette ville est totalement abandonnée. Environ 135 000 habitants ont été évacués durant le printemps et l'été qui ont suivi l'accident. Aujourd'hui encore, l'accès à la zone d'exclusion de 30 km de rayon autour de la centrale est strictement contrôlé.

Une catastrophe minimisée, des conséquences cachées

La catastrophe de Tchernobyl est le premier accident nucléaire de niveau 7 sur l'échelle INES.

L'Ukraine, la Biélorussie et la Russie sont les trois pays les plus largement touchés par le panache radioactif car 70 % des retombées radioactives ont eu lieu sur ces territoires. Environ 30 000 km² présentent encore une contamination radioactive supérieure à 185 kBq/m². Au total, entre 135 000 et 250 000 personnes ont été évacuées, les zones d'exclusion couvrant 300 000 hectares en Ukraine et en Biélorussie. Environ 1 600 000 personnes vivent encore en territoire contaminé en Biélorussie et depuis 2006, près de 235 000 personnes ont dû être relogées.

La catastrophe de Tchernobyl a profondément marqué l'histoire. Tout d'abord, elle est pour partie à l'origine de la chute de l'Union soviétique. L'industrie nucléaire mondiale et les États qui promeuvent l'industrie nucléaire n'ont eu de cesse de minimiser la gravité de la catastrophe, tant en ce qui concerne la pollution radioactive que les conséquences sanitaires. En France, les autorités ont même prétendu que le panache radioactif s'était arrêté aux frontières du pays.

Conséquences sanitaires

Malheureusement, la communauté internationale a refusé de mettre en place un suivi épidémiologique d'envergure, permettant de connaître avec précision les conséquences sanitaires de Tchernobyl. Cependant, des organismes locaux et nationaux ont mis en place des systèmes de suivi, fiables, mais qui sont contestés par l'industrie et les institutions internationales qui promeuvent le nucléaire. Dans ces conditions, les études disponibles concluent à des bilans sanitaires très variables ne permettant pas d'avoir un consensus scientifique sur les cancers liés à Tchernobyl en Russie, en Biélorussie ou en Ukraine ainsi que dans les pays occidentaux. Selon Anspaugh *et al.* (2000), les retombées de Tchernobyl pourraient être responsables de 2 000 à 17 000 décès par cancer sur la vie entière, parmi les habitants de l'ex-URSS. Selon le NRPB (National Radiological Protection Board, Royaume-Uni), l'accident de Tchernobyl pourrait être responsable de 4 200 à 80 000 décès parmi les habitants de l'ex-URSS et de l'Europe occidentale. Pour le professeur Nesterensko, c'est près d'un million de décès qui sont directement ou indirectement imputables à Tchernobyl. En 2005, le secrétaire général de l'ONU évaluait à 7 millions le nombre de victimes (ce qui ne signifie évidemment pas 7 millions de morts). 5 à 6 millions de personnes non évacuées vivent dans les zones contaminées à plus de 37 kBq par m² et le coût des traitements sanitaires reste très élevé. Les conséquences financières de Tchernobyl sont également considérables, le président Gorbatchev a estimé le coût de la « liquidation » à 18 milliards d'euros et la Biélorussie a évalué le coût global de 1986 à 2006 à 235 milliards.

L'avenir de Tchernobyl

En 2013, le toit de l'ancien sarcophage s'est effondré sous le poids de la neige relâchant une nouvelle fois des radionucléides dans l'atmosphère. En 2017, une arche de recouvrement d'un coût de plus de 1,6 milliard doit mettre à l'abri le réacteur n° 4 et son sarcophage vieux de trente ans.

La répartition de la population ukrainienne en 2015 et la zone interdite

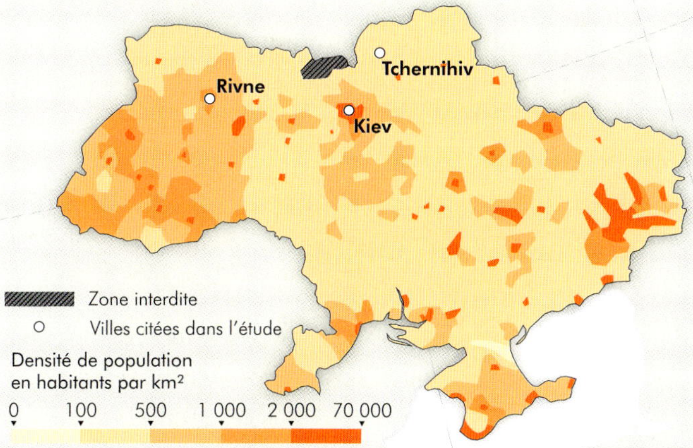

L'impact sur la santé des enfants

(polypathologies, cancers thyroïdiens, problèmes respiratoires et cardiaques)

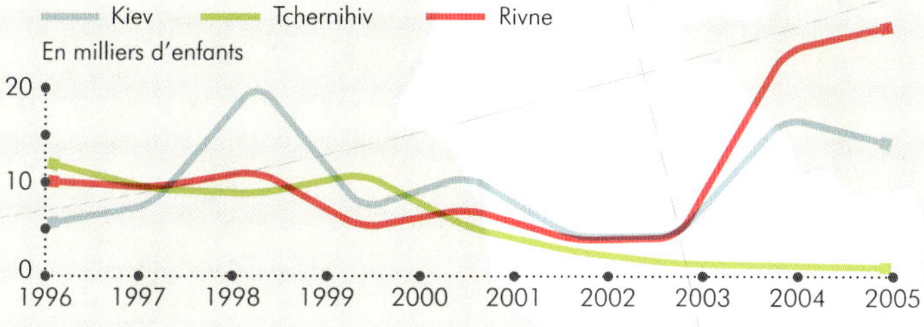

Les accidents majeurs : Fukushima

11 mars 2011. Vingt-cinq après Tchernobyl, Fukushima s'installe dans l'inconscient collectif nucléaire comme le second accident classé à un niveau 7 sur l'échelle INES. Contrairement aux précédents accidents de Tchernobyl et de Three Mile Island, l'accident de Fukushima n'est pas dû à un dysfonctionnement « nucléaire » mais à une protection insuffisante contre des catastrophes naturelles.

L'histoire

Le 11 mars 2011, c'est d'abord un tremblement de terre de magnitude 9 qui met en péril les six réacteurs de la centrale de Fukushima Daiichi située sur la côte est du Japon. Après le tremblement de terre, les réacteurs 1, 2 et 3 se mettent automatiquement à l'arrêt. Le séisme provoque un premier rejet de radionucléides dans l'environnement et stoppe l'alimentation électrique de la centrale. Les générateurs diesel de secours prennent le relais mais des vagues de plus de 14 mètres de haut succédant au tremblement de terre submergent les digues protectrices et noient les équipements de secours. En l'absence de refroidissement, l'eau dans la cuve des réacteurs 1, 2 et 3 s'évapore progressivement au contact des assemblages combustibles chauds. De l'hydrogène se forme, la pression dans les cuves augmente. Pour éviter une surpression, les experts relâchent l'hydrogène dans l'air qui explose.

Dans l'urgence, pour refroidir ses réacteurs, l'exploitant injecte par intermittence de l'eau douce, puis de l'eau de mer mais ce faisant, il contamine le milieu environnant et l'océan. La perte totale des sources électriques affecte également les piscines de stockage du combustible usé. La température de l'eau (habituellement de l'ordre de 20 °C à 25 °C) y augmente fortement mais l'exploitant parvient remettre le système de refroidissement en fonctionnement avant ébullition.

Sur place, les conditions de travail se révèlent vite impossibles, et les salariés sont évacués. Le seuil maximal d'exposition passe de 100 mSv/an à 500 puis à 1000, à la condition que les travailleurs soient volontaires.

Un problème irrésolu

Près de cinq ans plus tard, malgré des améliorations, la situation est particulièrement délicate et la réduction de la contamination est une priorité pour encore de longues années. Les protections des réacteurs étant en partie détruites, les rejets radioactifs continuent dans l'atmosphère, le sol et les eaux souterraines. Tepco a donc recouvert certains bâtiments réacteurs d'une structure limitant ces fuites. L'opérateur a aussi procédé à des pompages d'eau de nappe et construit une barrière d'étanchéité en bordure d'océan, d'environ 900 mètres de long, le tout pour réduire les écoulements souterrains. Compte tenu des rejets en mer, l'ensemble du Pacifique Nord est maintenant marqué par le césium 137 jusqu'à environ 500 mètres de profondeur. L'eau injectée pour refroidir les réacteurs est récupérée sur place, partiellement décontaminée. Aujourd'hui près de 600 000 m^3 sont stockés sur place et les volumes ne cessent de croître.

En 2014, les combustibles usés entreposés dans la piscine du réacteur n° 4 ont été retirés. Reste à déplacer ceux des trois autres piscines… Le combustible fondu des réacteurs 1 et 3 ne sera pas extrait avant une dizaine d'années. Du fait de l'ampleur des dégâts et des conditions extrêmement difficiles d'intervention, le démantèlement complet des installations détruites ne sera pas achevé avant quarante ans.

Le rôle de l'opérateur

Dans un premier temps, l'opérateur de la centrale, l'entreprise Tokyo Electric Power Company (Tepco) se dédouane totalement de l'accident, prétendant que l'ampleur du séisme combinée à la puissance du tsunami étaient inimaginables. Mais un rapport parlementaire a fait état de « collusion » entre le gouvernement japonais, l'autorité de sûreté et l'industriel, allant même jusqu'à conclure que l'accident a « été créé par l'homme ». D'après ce rapport, les responsables de Tepco étaient au courant de la vulnérabilité de la centrale aux séismes et aux risques d'inondation. Le rapport d'enquête reproche également à l'opérateur de ne pas avoir réagi suffisamment vite dans les premières heures de l'accident.

Les tests de résistance post-Fukushima

L'accident de Fukushima a relancé une réflexion sur les critères de sûreté nucléaire et sur l'organisation des organismes chargés de son contrôle. L'Europe a mis en place de tests de résistance pour les 143 réacteurs en activité. En 2012, les résultats de ces évaluations montrent que le parc nucléaire français manque d'instruments de mesure sismique adaptés aux exigences post-Fukushima. Par ailleurs, les équipements de secours, qui prennent le relais en cas d'accident, ne sont pas suffisamment protégés des éléments, à la différence des réacteurs allemands, britanniques, espagnols ou suédois. EDF s'est engagée à remédier à ces manquements et prévoit une enveloppe de 10 milliards d'euros à cet effet.

LA CATASTROPHE DE FUKUSHIMA

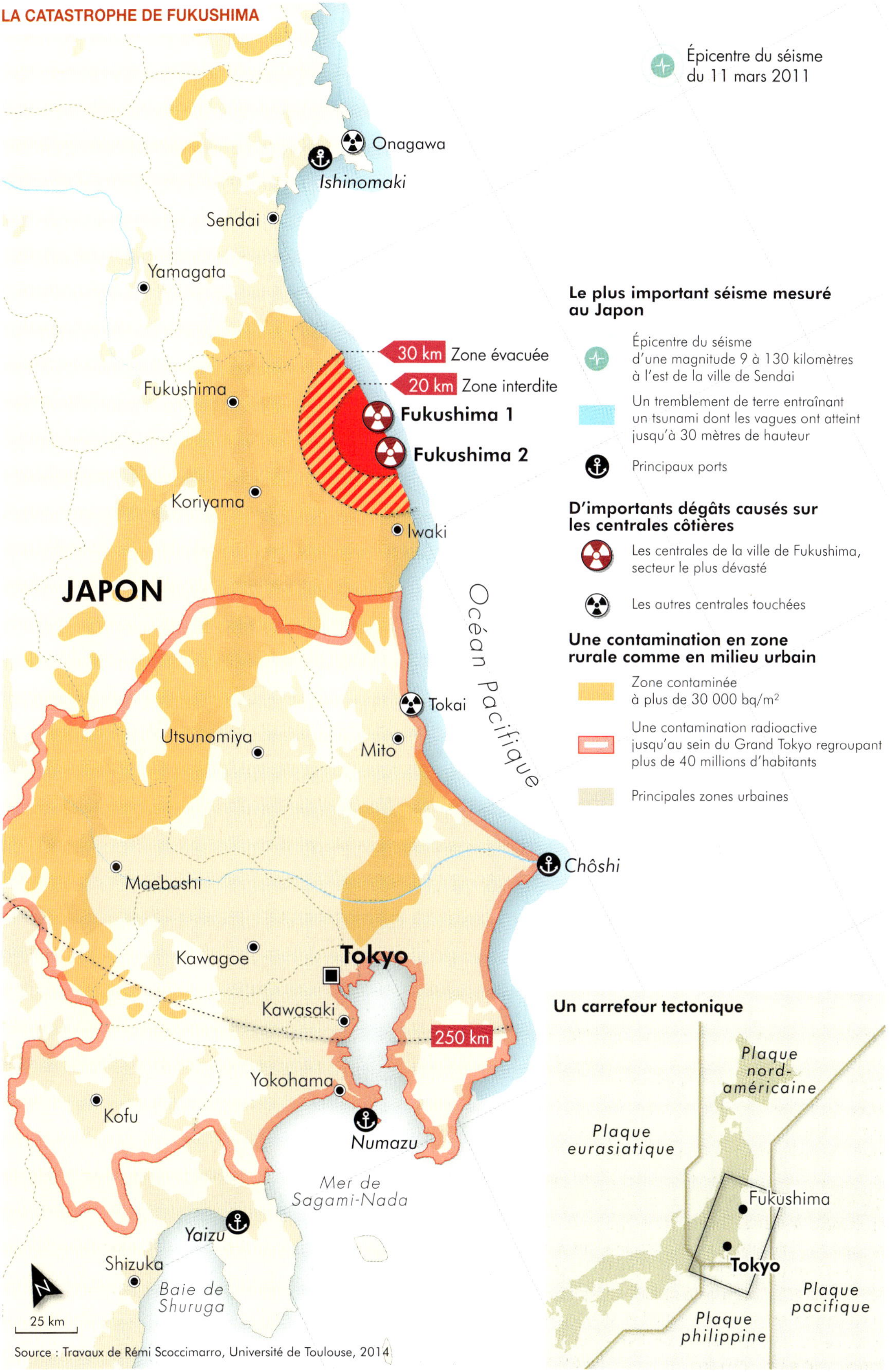

Source : Travaux de Rémi Scoccimarro, Université de Toulouse, 2014

Le nucléaire face à de nouveaux défis

À l'heure d'une transition énergétique mondiale due à la crise climatique, l'énergie nucléaire perd son attractivité, notamment face à la nouvelle compétition des énergies renouvelables.
La question du coût est évidemment centrale. Progressivement, les coûts réels du cycle nucléaire sont évalués et pris en compte, même si, en France plus particulièrement, l'opacité la plus totale règne sur le coût réel du démantèlement des centrales et du traitement des déchets. En parallèle, le prix de revient des kilowatts-heure renouvelables – à commencer par l'éolien terrestre – ne cesse de baisser, alors que le coût du kilowatt-heure nucléaire ne cesse d'augmenter.
Le nucléaire n'est désormais viable que s'il est totalement subventionné par les États. Dans le même temps, on prolonge – à grands frais – la durée de vie d'installations initialement conçues pour durer trente ans, ce qui a pour effet d'augmenter le risque d'accident nucléaire (la catastrophe de Fukushima en est un exemple). Alors que les citoyens font entendre leur voix de plus en plus clairement en matière de politique énergétique, l'industrie du nucléaire se trouve en perte de vitesse.

Une estimation difficile, des coûts énormes

L'évaluation du coût de l'énergie nucléaire est difficile à reconstituer : les coûts du cycle aval et de l'exploitation peuvent être établis de manière relativement fiable. En revanche, il est très aléatoire de reconstituer les coûts du cycle amont et les subventions directes ou indirectes consacrées par les pouvoirs publics à la R&D, à la gestion des déchets, l'accès au crédit, l'assurance et le soutien consommation.

Les composantes du coût du nucléaire et son évolution prévisible

Pour évaluer l'ensemble des coûts du nucléaire, il faut additionner les coûts passés, présents et futurs de la filière. Dans le passé, un investissement considérable a porté sur la recherche et développement, la construction des réacteurs et toutes les infrastructures nécessaires. Les coûts présents englobent l'ensemble des charges d'exploitation. Quant aux coûts futurs, ils intègrent le démantèlement des installations et la gestion des déchets et combustibles usés. En janvier 2012, la Cour des comptes a évalué à 228 milliards l'ensemble des investissements publics et privés faits dans le nucléaire depuis les années 1950. Les investissements (principalement la construction des réacteurs) représentent 41 % de l'ensemble des coûts ; l'exploitation des réacteurs 34 % ; les combustibles, leur retraitement et la gestion des déchets 16 % ; la maintenance des réacteurs 9 %.

Ce rapport a notamment permis de calculer le coût courant économique (CCE) de production de l'électricité nucléaire par l'exploitant EDF. Entre 2010 et 2013, il est passé de 49,6 €/MWh à 59,8 €/MWh, soit une augmentation de 21 % en trois ans. À coup sûr, il augmentera encore puisque deux types d'investissement sont d'ores et déjà prévus : ceux issus des évaluations complémentaires de sûreté (ECS) « post-Fukushima Daiichi » (environ 11 milliards d'euros) et ceux correspondant à l'allongement de la durée de vie des réacteurs. EDF souhaite en effet investir 1,6 milliard d'euros par

LE FACTEUR LOCAL DANS LE CHOIX ÉNERGÉTIQUE

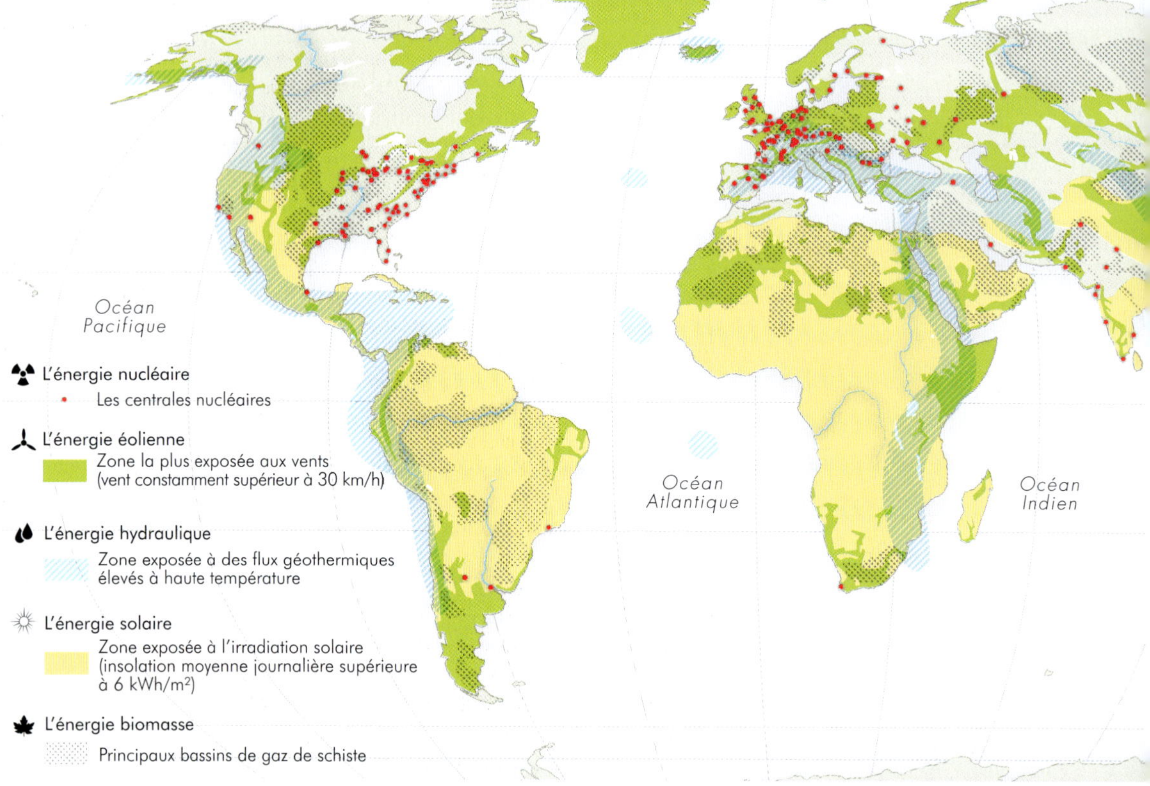

L'ÉVOLUTION DU COÛT DE L'ÉNERGIE EN FRANCE

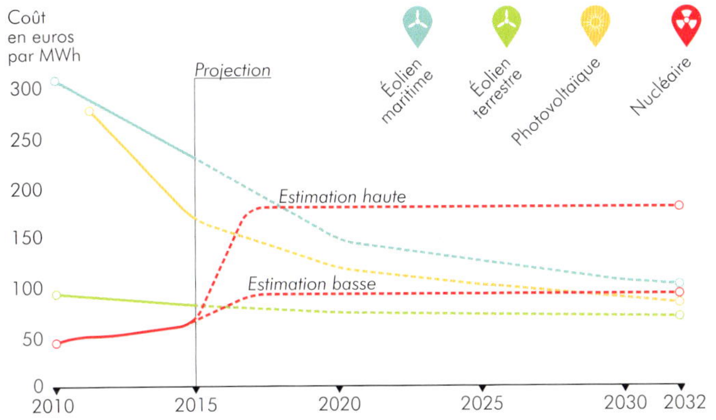

Source : Greenpeace

an pour améliorer la sûreté des réacteurs et demander le prolongement de leur durée d'exploitation de quarante à soixante ans. Pour la période 2014-2025, l'exploitant EDF a évalué à 55 milliards d'euros ces investissements nécessaires. Cette somme apparaît très minimaliste au regard des risques systémiques qu'il faut parer et de l'état du parc. Le rapport Wise de 2014 commandé par Greenpeace évalue un maintien du niveau actuel de sûreté entre 100 et 200 milliards.

Sources : NASA ; 3TIER ;
World Resources Institute ; BRGM

L'indispensable soutien public

L'investissement dans le nucléaire ne peut pas être fait sans un soutien public très important. En effet, les coûts considérables de cette filière ne peuvent être pris en charge qu'à certaines conditions : un investissement de l'État, d'une entreprise publique, ou une garantie de prêt de l'État (comme aux États-Unis par exemple), le tout permettant d'obtenir des emprunts à taux réduits. Une grande partie des financements de recherche et développement ont été puisés dans les fonds publics et continuent à l'être. Aujourd'hui encore, c'est l'argent public qui finance toutes les dépenses liées au contrôle de la sûreté, de la sécurité et de la transparence de l'information, évaluées à 230 millions d'euros par an.

L'État assure aussi gratuitement une partie du risque « responsabilité civile » en cas d'accident nucléaire : du fait de la responsabilité limitée des opérateurs nucléaires, c'est à l'État qu'il reviendrait de compenser les dommages directs et indirects d'un éventuel accident grave. Comme ce transfert de responsabilité n'est pas compensé par une prime d'assurance ou une taxe, l'énergie nucléaire bénéficie de fait d'une énorme subvention cachée.

L'impossible provisionnement de l'inconnu

Plusieurs inconnues alourdissent encore la facture nucléaire. Les estimations du démantèlement des 58 réacteurs français varient dans des proportions astronomiques : 20 milliards d'euros selon la Cour des comptes ou 750 milliards d'euros selon la commission Énergies 2050 ! Conformément à la loi, Areva et EDF ont provisionné 18 milliards d'euros pour le démantèlement de leurs installations, mais le coût véritable du démantèlement sera sans commune mesure. À ce titre, le cas de la centrale de Brennilis, dont le démantèlement a démarré il y a trente ans, est édifiant : le devis est passé de 20 millions d'euros environ en 1980 à 482 millions en 2005. L'incertitude plane sur l'ensemble des pays nucléarisés : le Royaume-Uni a évalué en 2006 ses coûts de démantèlement à 101 milliards d'euros pour 35 réacteurs. La Suisse, quant à elle, évaluait à 6 milliards d'euros le démantèlement de chacune de ses centrales en 1996.

Autre domaine où les prévisions sont inadaptées : l'accident. En 2013, l'IRSN a publié une étude qui évoquait un coût médian de 430 milliards d'euros, soit l'équivalent de 20 % du PIB, pour un accident du même type que celui survenu à Fukushima. Ces chiffres sont sans commune mesure avec ceux des accidents industriels « classiques » comme le naufrage de l'*Erika* (1980), l'explosion de l'usine AZF (2001), ou l'incendie de la plateforme de forage BP dans le golfe du Mexique (2011). Les estimations de l'IRSN conduisent à un coût moyen compris entre 70 milliards d'euros pour un accident modéré (comme à Three Mile Island en 1979) et 600 à 1 000 milliards d'euros pour un accident grave (comme ceux de Tchernobyl et Fukushima). Même si ce ne sont que des ordres de grandeur, ces estimations incluent les dommages directs aux biens, aux infrastructures et à la santé des individus, mais aussi et surtout les dommages indirects comme l'impact sur l'économie du pays : désorganisation, stress de la population, image dégradée du pays… Le pays serait durablement et fortement traumatisé, l'Union européenne serait affectée, et l'histoire garderait longtemps la mémoire de la catastrophe.

Moins graves, les risques systémiques ne sont pas non plus pris en compte. Pourtant, ils exigent l'arrêt d'une ou plusieurs tranches nucléaires simultanément. Dans ce cas, pour pallier au déficit d'électricité, l'exploitant doit s'approvisionner au prix de marché ce qui génère un surcoût imprévu.

La concurrence des énergies renouvelables

Trop chères, intermittentes, inefficaces… longtemps les énergies renouvelables ont été considérées comme des énergies d'appoint qui n'étaient pas du tout compétitives. Ce temps est révolu. En l'espace de dix ans, les énergies renouvelables ont gagné en compétitivité tout en produisant une énergie qui ne dégage presque pas de gaz à effet de serre. Un atout de choix face à la crise climatique.

Le croisement des courbes

Avant, le nucléaire semblait moins cher que les renouvelables. Deux raisons à cela : ses coûts ont longtemps été sous-estimés tandis que les technologies renouvelables balbutiaient. C'est exactement l'inverse qui se produit aujourd'hui : les énergies renouvelables sont devenues très compétitives tandis que l'énergie nucléaire est écrasée par des coûts grandissants.

En 2013, 21 % de la production mondiale d'électricité est désormais renouvelable, et 10,9 % seulement d'origine nucléaire ! À l'échelle mondiale, les énergies renouvelables continuent d'attirer les investisseurs. En 2013, elles ont mobilisé plus de 254 milliards d'euros dans le monde et représenté plus des deux tiers des nouvelles capacités installées. À moyen et long termes, ces filières sont promises à un bel avenir. En réalité, ces énergies deviennent moins chères que les projets conventionnels, qu'ils soient fossiles ou nucléaires.

Il est vrai que l'électricité française est l'une de moins chères d'Europe. Mais ce prix modéré est le résultat d'un parc existant amorti depuis très longtemps. De plus, les mesures de sûreté supplémentaires imposées depuis l'accident de Fukushima vont alourdir la facture. Sans compter la prise en compte de coûts déjà révisés à la hausse, qu'il s'agisse du site d'enfouissement des déchets, du démantèlement ou de la prochaine génération de réacteurs, les EPR. Ainsi, du fait des contraintes techniques, des exigences de sécurité, de la taille des investissements requis, les coûts du nucléaire ne cessent d'augmenter. Selon les dernières publications de l'AIE, les coûts de production s'orientent vers les 110 €/MWh, soit le double du coût actuel. Ainsi, les deux EPR vendus par EDF aux Britanniques se situent autour de 117 €/MWh.

À l'inverse, la compétitivité de l'ensemble des filières (éolien, solaire, biomasse, hydraulique) progresse de manière régulière. En janvier 2015, l'Agence internationale des énergies renouvelables (Irena) annonce que la biomasse, l'hydroélectricité, la géothermie et l'éolien terrestre coûtent désormais autant – ou moins cher – que le charbon, le pétrole et les centrales électriques au gaz, même sans soutien financier et cela malgré la

VARIATIONS DE LA PRODUCTION D'ÉLECTRICITÉ 1997-2013, COMPARÉ À 1997

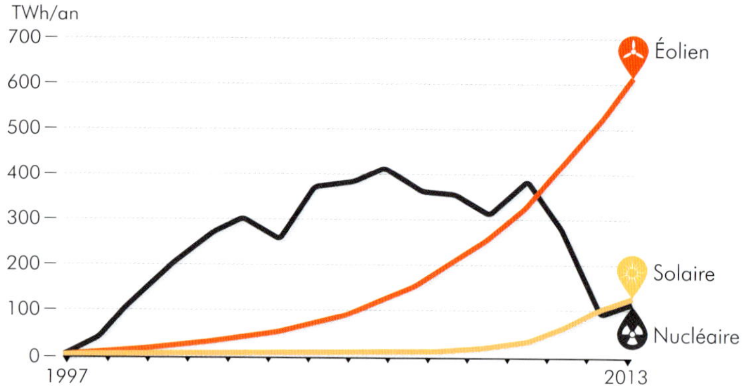

Source : IAEA–PRIS ; EPIA ; GWEC 2014

ÉVOLUTION DES CAPACITÉS DES PARCS ÉOLIEN ET NUCLÉAIRE

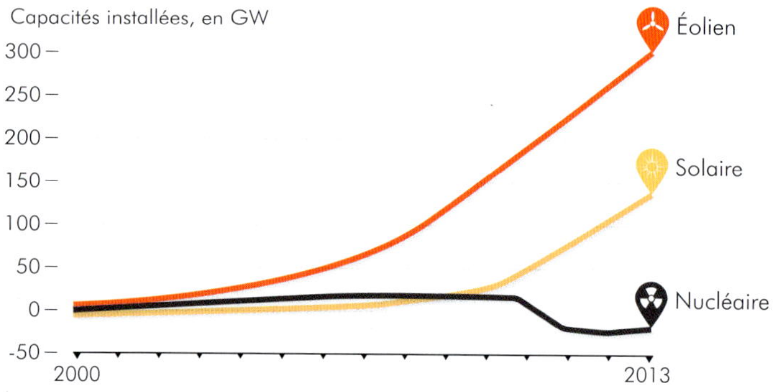

Source : IAEA–PRIS ; EPIA ; GWEC 2014

LES INVESTISSEMENTS DANS LES ÉNERGIES RENOUVELABLES

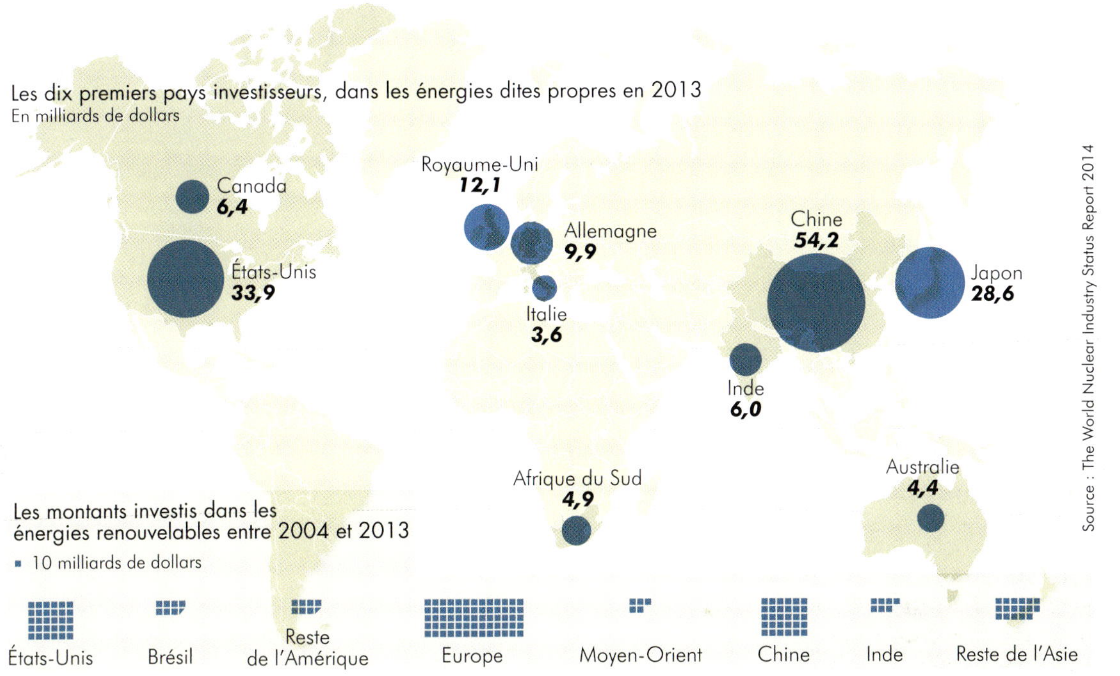

baisse des prix du pétrole. En outre, le photovoltaïque accélère rapidement sa compétitivité : le coût de la fabrication des modules a chuté de 75 % depuis 2009, ce qui a permis de réduire de moitié le coût de la production d'électricité solaire. Sur la même période, les prix de l'éolien ont baissé de 20 à 30 % ce qui en fait la source d'électricité la moins chère dans de nombreux pays. En France, le tarif d'achat de l'éolien terrestre est fixé à 82 €/MWh.

Les pays nucléarisés qui produisent plus d'électricité renouvelable

Même si certains pays ont recours au nucléaire pour la base de leur électricité, ils n'ont pas pour autant sous-estimé le potentiel des énergies renouvelables. L'année 2013 a été une année charnière en matière d'énergie en Europe. Selon le cabinet indépendant Enerdata, les énergies renouvelables ont fourni 28 % de la production totale de l'électricité du Vieux Continent, contre environ 27 % pour le charbon, 27 % pour le nucléaire, 16 % pour le gaz et 2 % pour le pétrole. Entre 2008 et 2013, la part des renouvelables a grimpé en flèche passant de 15 % à 28 % tandis que toutes les autres sources ont vu leur part diminuer. L'Espagne et l'Italie flirtent même avec les 40 % de renouvelables dans leur mix électrique.

Dans certains pays, les énergies renouvelables, hydroélectricité en tête, écrasent littéralement le nucléaire. Dotée d'un mix énergétique dominé par le charbon, la Chine se tourne surtout vers les énergies renouvelables et celles-ci représentent 60 % de son mix électrique aujourd'hui (contre 2 % seulement pour le nucléaire). Au Brésil, 85 % de l'électricité provient d'énergies renouvelables, surtout hydraulique. En 2013, le Japon est, après la Chine, le deuxième investisseur mondial dans les énergies renouvelables. Le pays est en train d'engager un effort sans précédent pour développer la production d'électricité par l'éolien et surtout le photovoltaïque. La plus grande ferme offshore du monde (1 gigawatt) est en cours d'implantation au large de Fukushima.

En France, le manque de stabilité du cadre tarifaire et surtout réglementaire, indispensable pour attirer les investisseurs, a retardé le développement de la filière renouvelable et découragé les industriels. En théorie, la loi sur la transition énergétique devait revoir à la baisse la part du nucléaire dans le mix électrique français, dans les faits, il n'en est rien.

Nucléaire et effet de serre

Sans conteste, l'énergie nucléaire émet peu de gaz à effet de serre même si le cycle du combustible, le transport et la transformation des matières radioactives en émettent. D'après l'AIEA, un kilowattheure nucléaire émet 6 grammes de CO_2, contre 175 grammes pour le pétrole et 246 grammes pour le charbon. Du fait de la faible teneur en gaz à effet de serre de ses émissions, l'énergie nucléaire est vendue comme une des solutions phares de la lutte contre les changements climatiques. Mais attention, le nucléaire ne fait que produire de l'électricité et il ne fournit que 6 % de l'énergie consommée dans le monde. Il ne peut pas remédier aux émissions de CO_2 liées à l'agriculture, à l'industrie ou aux déchets.

Un contexte concurrentiel accru

Le monde de l'énergie change de paradigme et l'énergie nucléaire perd de son intérêt. Elle devient beaucoup plus chère, le risque demeure, la question des déchets est entière. Les transitions énergétiques engagées dans de nombreux pays permettent l'émergence de marchés plus concurrentiels, plus décentralisés où les énergies renouvelables et les économies d'énergie deviennent des piliers essentiels.

L'importance de l'État : le marché contre le nucléaire

Seuls les États sont capables d'investir à long terme dans le secteur énergétique mais le contexte économique actuel est tel que les financements publics manquent dans ce domaine. Ainsi, le développement du nucléaire ne concerne qu'un nombre restreint de pays. Et son accès difficile (financier mais aussi technique et humain) représente un frein incontestable au développement de cette technologie.

Le nucléaire doit également affronter des concurrents sérieux. Depuis 2009, le marché mondial de l'énergie est perturbé par l'émergence d'un nouveau produit : les gaz de schiste américains. Cette nouvelle ressource a conduit à un effondrement des coûts de production d'énergie. Son prix de revient est très bas par rapport aux renouvelables et au nucléaire. Conséquence directe : les gaz de schiste américains ont inondé le marché mondial et déséquilibré la rentabilité de nombreuses sources énergétiques, notamment du gaz en Europe. L'AIE prévoit une croissance supplémentaire de 30 % d'ici à 2018, permettant aux États-Unis de réduire sensiblement leur dépendance à l'égard des pays tiers.

L'enjeu de la décentralisation : concentration ou dispersion

L'énergie nucléaire est un mode de production d'énergie centralisé. Si ce modèle a fait ses preuves, il a aussi inhibé la plupart des efforts de

L'EMPLOI DANS LES ÉNERGIES RENOUVELABLES PAR FILIÈRE

Nombre d'emplois dans les différentes filières en 2013, En milliers

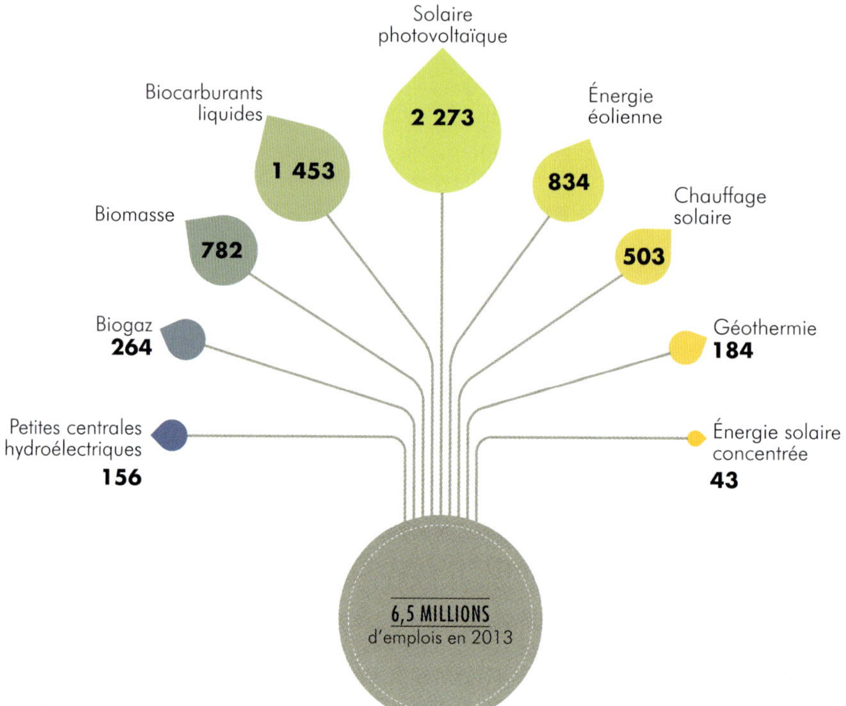

Source : International Renewable Energy Agency

recherche et d'expérimentation dans les techniques (efficacité énergétique, énergies renouvelables, stockage de l'énergie), et dans l'intervention à l'échelle régionale et locale (modes de gestion du réseau d'électricité, ressources locales). Aujourd'hui, l'enjeu majeur consiste à passer du modèle centralisé où la production guide la consommation d'électricité, au modèle décentralisé où c'est au contraire la demande qui guide la production, à travers des productions d'énergie localisées au plus près du consommateur final. Ce nouveau modèle implique d'attribuer un rôle nouveau aux collectivités territoriales.

Une installation décentralisée peut fournir jusqu'à 5000 foyers. Ces installations fonctionnent soit aux énergies renouvelables, donc hydraulique, solaire, éolien, biomasse, géothermie, soit au gaz naturel. Les exploitants sont des petits acteurs privés, tels des industriels, des collectivités locales, des gestionnaires de bâtiment ou des particuliers. Produire soi-même son électricité incite directement à la modération de sa consommation pour minimiser les prélèvements au réseau. Pour le gestionnaire de réseau, l'augmentation de l'autoconsommation permettrait de désengorger le réseau, entraînant des économies substantielles. Par ailleurs, ce modèle est créateur d'emplois et de nouveaux marchés.

Les emplois

En France, la filière nucléaire est un poids lourd. EDF, Areva, le CEA et leurs sous-traitants embauchent directement entre 100000 et 125000 personnes, soit un peu moins de 4 % de l'emploi industriel en France. Les emplois indirects induits par le nucléaire s'élèvent eux à 114000 postes supplémentaires. D'après un rapport du Conseil d'analyse stratégique, le verdissement de l'énergie pourrait créer 440000 emplois. En Allemagne, le secteur énergétique a d'ores et déjà généré quelque 380000 emplois directs et indirects.

Les économies d'énergie

Le secteur énergétique connaît un vrai changement de paradigme : la production ne guide plus la consommation, c'est l'inverse qui se passe. En effet, inutile de produire une énergie que l'on ne consomme pas. Voilà pourquoi l'efficacité énergétique et les économies d'énergie font désormais partie des politiques énergétiques au même titre que les moyens de production. En Europe, Bruxelles a fixé un objectif de 20 % pour 2020 et de 30 % d'économies d'énergie d'ici à 2030.

Même si la plupart des pays se sont engagés dans des politiques d'économies d'énergie, la crise économique de 2008 a ralenti les investissements en sobriété énergétique. Par ailleurs, les États, tels que la Chine, l'Inde, la Russie, qui ont encore une forte intensité énergétique – autrement dit qui consomment beaucoup d'énergie au regard de leur produit intérieur brut – pèsent de plus en plus lourd dans l'économie mondiale.

L'EMPLOI DANS LES ÉNERGIES RENOUVELABLES PAR PAYS

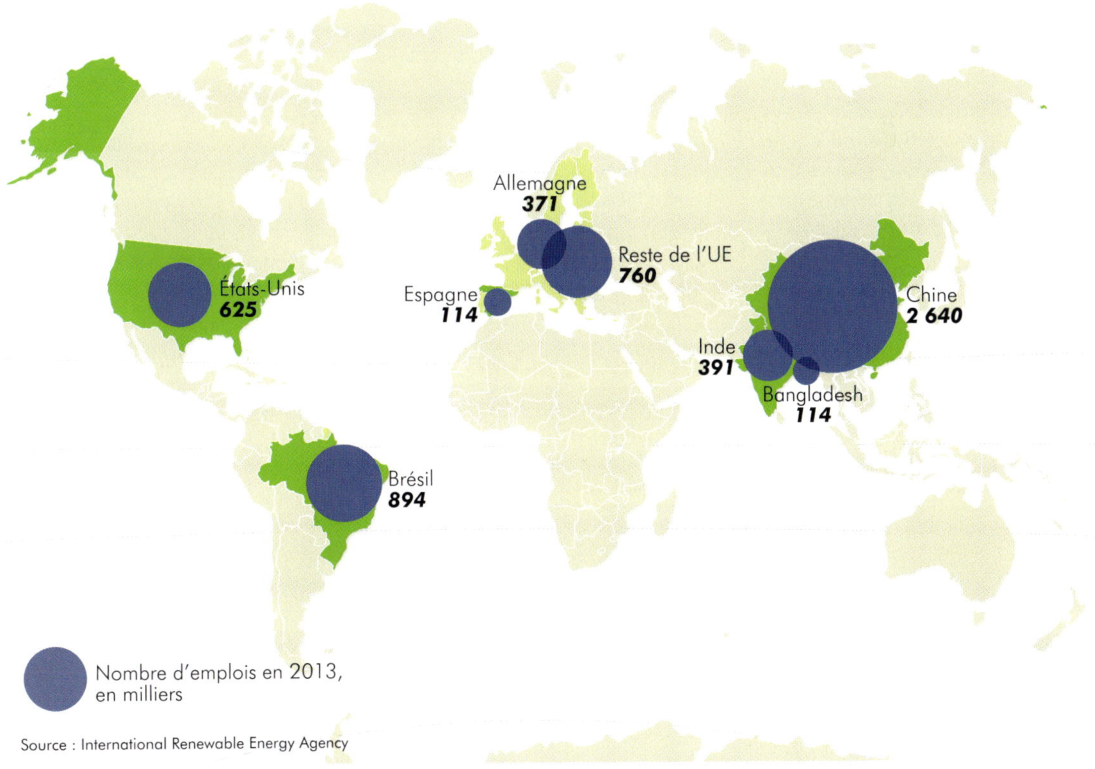

Source : International Renewable Energy Agency

L'incertitude technologique

La recherche se concentre aujourd'hui sur les réacteurs de génération IV et sur la réaction de fusion nucléaire. Il est peu probable que la première option soit disponible de manière industrielle avant 2040 et la seconde, à supposer qu'elle aboutisse, avant la fin du siècle. Voilà pourquoi l'extension de durée de vie des réacteurs existants fait l'objet d'une stratégie active dans tous les pays nucléarisés avec tous les risques inhérents à des installations qui au départ n'avaient été conçues que pour durer 30 ans.

À la recherche d'une nouvelle génération

Six systèmes nucléaires du futur sont aujourd'hui à l'étude. Pour l'heure, les réacteurs de génération IV ne sont qu'à l'état de concepts, aucun d'entre eux n'étant envisagé au stade commercial avant 2040 au moins. Actuellement, l'axe prioritaire de R&D concerne les réacteurs rapides à caloporteur sodium (SFR, pour Sodium Fast Reactors) et à caloporteur au gaz (GFR, pour Gas Fast Reactors), qui ont l'intérêt d'explorer une voie différente. Aucune de ces deux options ne saurait être atteinte à un coût raisonnable.

Seuls les réacteurs au sodium (SFR) qui disposent d'un retour d'expérience en France (Rapsodie, Phénix et Superphénix) et à l'international (États-Unis, Russie, Royaume-Uni) pourraient être prêts en 2040 et encore, le pari est difficile à relever. Après Rapsodie, Phénix et Superphénix qui ont déjà coûté 10 milliards d'euros, la France souhaite relancer la filière des surgénérateurs avec Astrid, un réacteur rapide refroidi au sodium de 600 MW, qui doit fonctionner à l'uranium et au plutonium. On trouve ensuite les réacteurs nucléaires à très haute température qui pourraient avoir un rendement proche de 50 %. Ces générateurs ont une capacité à produire du dihydrogène sans émettre de CO_2. Cinq types de réacteurs sont en développement : VTGR (Russie), GTMHR (États-Unis), PBMR (Afrique du Sud), Antarès (France) et Raphael (Union européenne). Viennent ensuite les réacteurs à sel fondu qui pourraient faire appel à l'uranium 235, au plutonium ou à l'uranium 233 issu de la conversion du thorium. Pour finir, les recherches portent sur les réacteurs à eau supercritique, les réacteurs rapides caloporteurs gaz et les réacteurs rapides caloporteurs plomb.

La question que l'on doit se poser est s'il est bien raisonnable d'investir des centaines de millions d'euros dans de nouvelles filières nucléaires et si ces sommes considérables ne devraient pas être plutôt allouées à l'accélération du développement des énergies renouvelables et du stockage de l'énergie.

UN PARC VIEILLISSANT

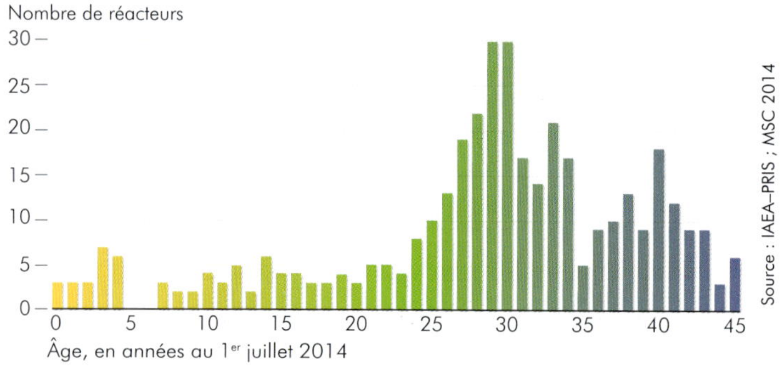

La question de la fusion et les incertitudes d'ITER

Dans des conditions de température extrême (des millions de degrés Celsius), la matière se présente sous forme de plasma : ni solide, ni liquide, ni gazeuse, elle est comparable à une soupe où noyaux et électrons ne sont plus liés et circulent librement. Lorsque deux noyaux « légers » se percutent à grande vitesse, ils peuvent fusionner, créant un noyau plus lourd : c'est la fusion nucléaire. Durant cette opération, une partie de l'énergie est libérée sous forme de chaleur ou de lumière. Actuellement, l'ensemble de l'industrie nucléaire s'appuie sur la réaction de fission mais les recherches actuelles s'orientent vers la réaction de fusion, à l'origine même de la naissance des étoiles.

Pour imaginer récupérer de l'énergie à partir de la fusion, il faut être capable, sur Terre, de créer des conditions physiques similaires à celles des étoiles, et atteindre des températures de 150 millions de degrés, soit dix fois la température interne du Soleil ! Les scientifiques tentent de fusionner deux isotopes de l'hydrogène, le deutérium et le tritium. En plus d'offrir une source d'énergie quasiment inépuisable à l'échelle de l'humanité, l'exploitation industrielle de la fusion présente d'innombrables avantages théoriques : peu de déchets radioactifs, pas d'émissions de CO_2, aucun risque d'emballement du réacteur et un combustible plutôt abondant.

Le projet mondial « ITER » (pour International Thermonuclear Experimental Reactor), situé à Cadarache, doit faire la démonstration qu'il est possible d'uti-

UN RENOUVELLEMENT INCERTAIN

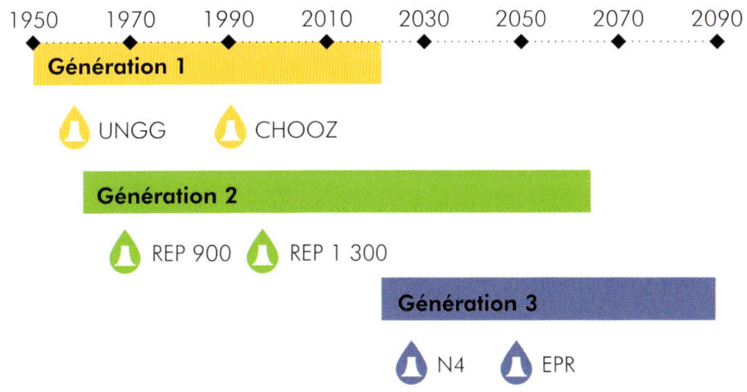

liser la fusion pour produire de l'énergie. Union européenne, Russie, Japon, États-Unis, Chine, Corée du Sud, Inde… 35 pays au total participent à hauteur de 16 milliards d'euros au projet, dont le budget initial avait été fixé à 5 milliards d'euros… Le Tokamak (la chambre magnétique toroïdale qui abrite l'expérience) devra démontrer qu'il est possible de générer des réactions de fusion produisant 500 MW pendant plus de 6 minutes, et dans un second temps, que ces réactions peuvent être maintenues pendant plus de 16 minutes. Il devrait être opérationnel en 2020, son exploitation prévoyant de s'étendre sur vingt ans.

Vieillissement du parc

En vieillissant, sous l'effet du temps, de la corrosion et des rayonnements radioactifs, les composants électroniques se dégradent, tout comme les générateurs de vapeur, les enceintes de confinement et la cuve du réacteur.

Dans un rapport paru en 2013, l'AIEA considère que le vieillissement du parc nucléaire mondial constitue « un défi continu pour les autorités de régulation, les exploitants et les services publics ». Sur les 437 réacteurs en fonctionnement, 42 % ont plus de trente ans. Et 22 réacteurs ont plus de 40 ans.

Compte tenu de l'âge moyen des réacteurs et de la difficulté de renouvellement des parcs, la question d'une extension de la durée de vie des réacteurs existants constitue une stratégie active désignée sous le terme de PLEX (pour *plant lifetime extension*). Elle se fonde sur la rationalité économique qui consiste à dépenser moins pour maintenir en exploitation un réacteur existant plutôt qu'à investir dans un nouveau moyen de production. Elle repose pourtant sur un pari technique extrêmement incertain : penser que les réacteurs peuvent fonctionner de nombreuses années au-delà de ce qui a été prévu à leur conception. Ce pari ne s'appuie actuellement sur aucun retour d'expérience. Alors que l'on considère que les réacteurs ont généralement été conçus pour une durée de vie variant selon les modèles et les pays de 30 à 40 ans, les exploitants visent des objectifs d'extension jusqu'à 50 ou 60 ans, et évoquent même pour certains une prolongation jusqu'à 80 ans. Pourtant, seule une faible minorité de réacteurs du parc nucléaire mondial a dépassé 40 ans, et aucun n'a jamais fonctionné jusqu'à 50 ans. Les risques sont donc délibérément pris par souci de rentabilité économique au détriment des conséquences désastreuses des accidents nucléaires et sans que jamais l'avis des populations ne soit requis.

L'industrie nucléaire suit de près le cas américain où les trois quarts des réacteurs en exploitation ont obtenu au cours des dernières années une autorisation de prolongation de durée de vie de 40 ans à 60 ans. Une expérience sur laquelle s'appuie l'exploitant français EDF pour augmenter la durée de vie de ses centrales au-delà des quarante ans. Dans l'Hexagone, les centrales nucléaires n'ont pas de durée de vie maximale. C'est l'exploitant qui doit faire valider tous les 10 ans une autorisation d'exploitation par l'Autorité de sûreté nucléaire après un « réexamen de sûreté ». Ainsi, 34 réacteurs ont été mis en service entre 1978 et 1988 et passent donc leur troisième visite décennale entre 2009 et 2019.

LA PROJECTION PLEX DE L'ÉVOLUTION DU PARC

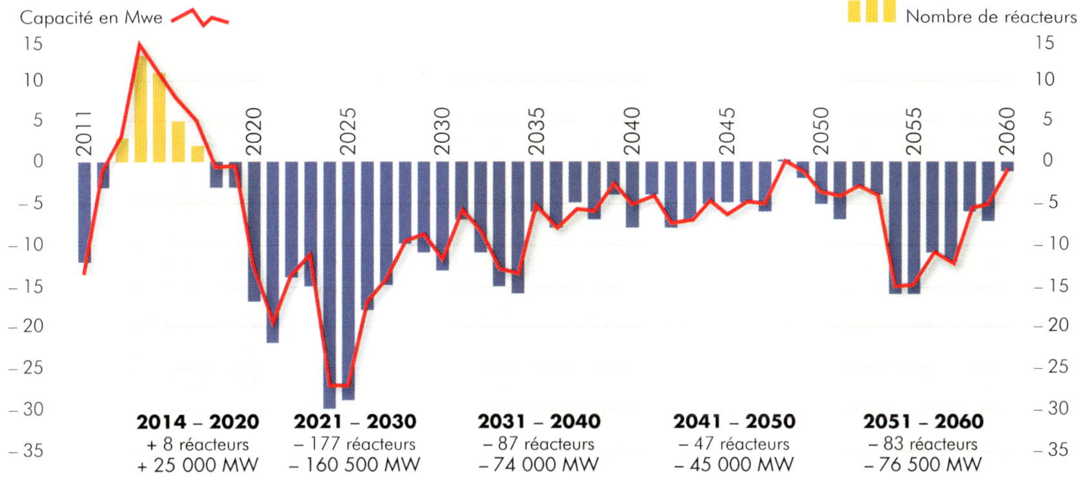

Source : IAEA-PRIS ; MSC 2014

Transparence et démocratie

Pour asseoir sa légitimité, l'industrie nucléaire s'appuie sur des décisions prises au plus haut niveau de l'État. Ces décisions sont rarement débattues publiquement, l'opinion publique n'étant généralement pas consultée, singulièrement en France, en matière de politique énergétique. Toutefois, la transition énergétique en cours dans le monde modifie les règles du jeu : l'énergie se décentralise et les citoyens exigent d'avoir leur mot à dire concernant les moyens de production.

Le nucléaire insoluble dans la démocratie

Un chiffre en dit long : le débat autour du mariage pour tous a fait l'objet d'un traitement médiatique vingt-huit fois supérieur à celui sur la transition énergétique ! Ce dernier était pourtant essentiel pour déterminer comment la France pouvait parvenir aux engagements internationaux pris pour 2050, à savoir réduire de 80 % ses émissions de gaz à effet de serre. Il était essentiel aussi pour savoir si nos concitoyens souhaitaient un renouvellement du parc électronucléaire après l'arrêt des centrales actuelles ou, au contraire, s'ils souhaitaient une sortie, à l'horizon 2030-2035, du nucléaire. Mal ou sous informés en matière de nucléaire, les Français n'osent pas se prononcer sur ce dossier. Les débats sont souvent idéologiques, émotifs ou trop techniques pour intéresser la majorité des gens.

Historiquement, le nucléaire s'est toujours mal accommodé de la démocratie ou de la consultation publique. En France, ce thème n'a jamais été soumis au débat public, ou alors de manière factice, après que les décisions cruciales ont été prises. Quand, en 1974, le plan Messmer prévoit la construction de plusieurs dizaines de réacteurs, la décision est prise au niveau gouvernemental, sans consultation de l'Assemblée nationale ou de l'opinion publique. En 2004, le gouvernement Raffarin annonce la construction d'un EPR à Flamanville avant même qu'un débat public ne soit organisé. Le décret autorisant EDF à construire l'EPR est publié juste avant la présidentielle. Lors du Grenelle de l'environnement, Nicolas Sarkozy exclut d'emblée la question nucléaire des débats. En janvier 2009, il annonce la création d'un deuxième EPR (à Penly, près de Dieppe), là encore, sans aucune concertation. Pour le lobby en place, EDF en particulier, la question ne se pose pas. Avant même le lancement du débat sur la transition énergétique, le projet du réacteur 4e génération Astrid a été confirmé, de même que le financement d'ITER. En France, le lobby nucléaire, c'est l'État lui-même ! Il détient directement ou indirectement 86,52 % du capital d'Areva, 84,5 % du capital d'EDF. Ainsi, une poignée de hauts fonctionnaires s'arroge le pouvoir de décision et de conseil auprès des plus hautes instances de l'État.

En Europe, vingt ans après Tchernobyl, une étude Eurobaromètre montrait que 55 % des Européens se déclaraient opposés à l'énergie nucléaire et 37 % seulement favorables. Deux ans avant les événements de Fukushima, 39 % des Européens souhaitaient la diminution de la part de l'atome dans le mix énergétique européen. Ils étaient deux fois plus nombreux que ceux qui souhaitaient voir son développement.

La marche vers plus de citoyenneté

En France, l'énergie est un domaine où l'État seul décide, par exemple, de l'implantation d'un réacteur nucléaire. Les collectivités territoriales n'ont jamais eu leur mot à dire et elles ont été les principales requérantes dans les procédures lancées au cours des années 1980 contre la construction des centrales nucléaires en France.

Or, depuis le début des années 1990, au nom de la concurrence, la Commission européenne a obtenu la libéralisation du marché de l'électricité et du gaz. Aujourd'hui, un nouveau modèle énergétique, décentralisé, émerge et redonne le pouvoir de décision aux citoyens au travers de coopératives énergétiques. Fortes de plusieurs centaines ou milliers de consommateurs, les coopératives énergétiques repré-

L'OPPOSITION GOUVERNEMENTALE ET CIVILE AU NUCLÉAIRE DANS LE MONDE

sentent un point de livraison unique pour les fournisseurs et confèrent un poids de négociation bien plus important aux consommateurs. Ceux-ci deviennent mêmes producteurs de l'énergie qu'ils consomment. Elles aident aux changements de comportements, poussent aux économies d'énergie et permettent de se réapproprier un sujet *a priori* inaccessible : celui de l'énergie. Le Vorarlberg en Autriche, la ville de Väjxö en Suède, la communauté de communes du Mené (Côtes-d'Armor)… de plus en plus de territoires se réapproprient ces questions afin d'opérer sur le terrain la transition vers plus de sobriété. La commune de Munich a demandé à l'opérateur public de produire 100 % d'énergies renouvelables d'ici à 2025. Un engagement unique pour une ville de plus d'un million d'habitants.

Aux États-Unis, l'industrie de l'énergie finance la politique

Aux États-Unis, il est légal que les campagnes présidentielles soient financées par des personnes morales. On retrouve ainsi parmi les bailleurs de fonds de Barack Obama l'entreprise Exelon et de nombreux employés de la firme, premier fournisseur en électricité nucléaire des États-Unis. L'entreprise a son siège à Chicago, ville d'où est originaire Barack Obama, et elle est l'un des plus grands employeurs de la ville. Mais citons d'autres exemples. GDF Suez a pour sa part financé 16 candidats républicains et 9 démocrates, dont la démocrate texane Gene Greene, membre de la Chambre des représentants et siégeant au House Energy (E&C) and Commerce Committee, en charge des questions d'énergie et d'environnement aux États-Unis… GDF Suez et Areva ont également financé un climatosceptique en la personne de Ed Whitfield, lui aussi membre du E&C Committee et président du sous-comité qui traite des questions d'énergie, notamment nucléaire.

Les solutions des pays nucléarisés

Pour apprécier l'évolution du parc nucléaire dans le monde, il est intéressant de se focaliser sur les pays les plus nucléarisés, même si des projets apparaissent aujourd'hui dans les pays du Sud comme la Turquie ou le Moyen-Orient (hors Israël, doté depuis longtemps de centrales nucléaires). La position des pays européens est loin d'être harmonisée : certains pays n'ont jamais opté pour l'énergie nucléaire, d'autres ont choisi d'en sortir après Fukushima (Allemagne, Belgique, Suisse), certains pays enfin, notamment les pays d'Europe de l'Est, la Grande-Bretagne et la France, gardent un parc et des projets nucléaires. Quant au grand projet d'Union de l'énergie lancé par le président de la Commission européenne Jean-Claude Juncker, il ne prévoit aucune aide publique en faveur du nucléaire.
Aux États-Unis, le nucléaire est en stand-by depuis l'accident de Three Mile Island en 1979. Il existe des projets de construction, mais le nucléaire est perçu par les Américains du Nord comme étant trop cher et non rentable, surtout depuis l'avènement des gaz de schiste. La Chine, qui abrite en valeur absolue le plus grand nombre de réacteurs en construction, ne dépend du nucléaire pour son électricité qu'à hauteur de 2 %, ce qui est très faible. Le Japon, après Fukushima, a fermé toutes ses centrales ; le gouvernement souhaiterait en rouvrir quelques-unes, mais l'opposition de la population est très vive. Enfin, ce géant énergétique qu'est l'Inde s'ouvre modestement au nucléaire.

Le doute américain

Persuadés que la rentabilité économique n'est pas au rendez-vous et que les risques sont trop importants, les États-Unis rechignent à remplacer leur parc nucléaire vieillissant. Pourtant, une grande partie des réacteurs ont atteint leur fin de vie.

Le plus important parc de réacteurs au monde

Avec 104 réacteurs répartis sur 32 États et 65 centrales, les États-Unis constituent le plus gros parc nucléaire du monde. Il a beau être imposant, il ne produit que 19 % de l'électricité du pays, soit 9 % de son énergie primaire, ce qui reste relativement modeste. La grande majorité des réacteurs se trouve sur la côte la plus peuplée, à l'Est. Six centrales sont arrêtées, dont une en Californie, fermée en 1989 à la suite d'un référendum local. Au total, six nouvelles unités sont en construction et devraient entrer en fonction d'ici à 2020. En 2012, le pays a approuvé la construction de deux nouveaux réacteurs à la centrale de Vogtle en Géorgie.

Le nucléaire américain a connu un coup d'arrêt brutal en 1979 lorsque la centrale de Three Mile Island a frôlé l'accident majeur. Classé au niveau 5 sur l'échelle INES, l'incident a effrayé investisseurs, assureurs, dirigeants et opinion publique. Avec le temps, le spectre de l'accident s'est dissipé. En 2009, dans un contexte tendu sur fond de crise énergétique, écologique

LES RÉACTEURS ET LA PRODUCTION D'ÉLECTRICITÉ NUCLÉAIRE AUX ÉTATS-UNIS

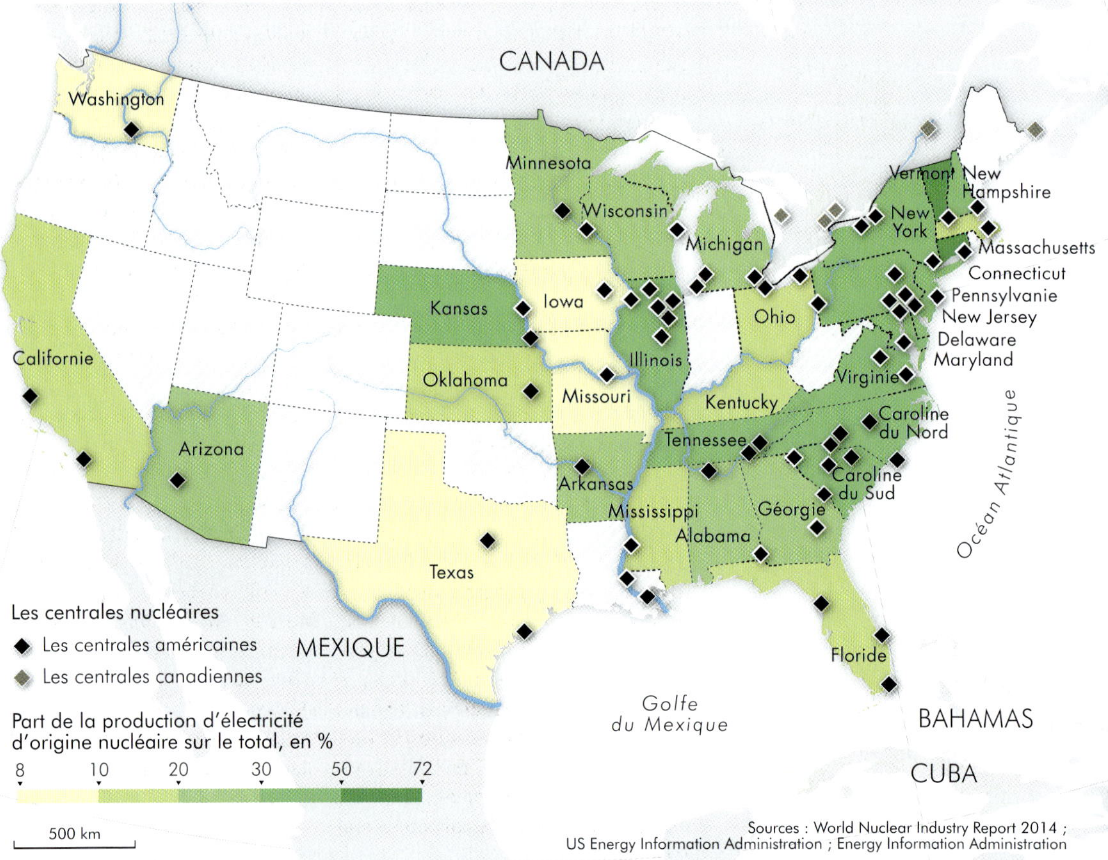

Sources : World Nuclear Industry Report 2014 ; US Energy Information Administration ; Energy Information Administration

et socio-économique, le président Barack Obama a appelé à construire « une nouvelle génération de centrales nucléaires sûres et propres ». Mais à la suite de l'accident de Fukushima, le projet a été remis aux calendes grecques.

L'âge moyen élevé des centrales

En 1975, l'industrie avait déjà connu un coup d'arrêt de la fourniture quasi gratuite du service d'enrichissement par l'AEC. L'accident de Three Mile Island a stoppé net le développement du nucléaire aux États-Unis. À la suite de cet accident, les États-Unis, dirigés à l'époque par Jimmy Carter, ont abandonné la construction de nouvelles centrales. Ainsi, la plupart des réacteurs qui fonctionnent aujourd'hui ont été raccordés au réseau dans les années 1970 et 1980. Le dernier connecté décidé en 1973, achevé en 1996, à Watts Bar (Tennessee), fonctionne déjà depuis près de 20 ans. Le parc américain est donc vieux. Aujourd'hui, près de 40 % de la capacité du parc électronucléaire américain a atteint sa limite d'âge.

Aux États-Unis, les réacteurs ont été initialement autorisés pour une durée de 40 ans à partir de leur permis, une campagne de réexamen se poursuit depuis dix ans environ pour accorder au cas par cas une autorisation pour vingt années supplémentaires. En octobre 2014, la Commission de régulation du nucléaire (NRC) a allongé la durée de vie de 75 réacteurs et prévoit de faire de même pour 19 unités supplémentaires. À terme, la plupart des réacteurs américains devraient pouvoir fonctionner jusqu'à leurs soixante ans, voire leurs quatre-vingts ans. Or, après une vingtaine d'années de fonctionnement, le risque d'incident et d'accident augmente d'année en année de manière significative. La prolongation de durée de vie des réacteurs offre une perspective financière capitale pour l'opérateur mais comporte de nombreux risques pour l'ensemble de la population. Les investissements pour les mises à niveau sont colossaux : une procédure de renouvellement de licence peut coûter jusqu'à 20 millions de dollars et durer plus de quatre ans. L'événement de Fukushima a réveillé les craintes d'autant que de nombreux aléas climatiques et environnementaux (tornades dans le Midwest, ouragans dans le golfe du Mexique, tremblements de terre en Californie...) menacent les installations.

• **L'âge des réacteurs nucléaires**

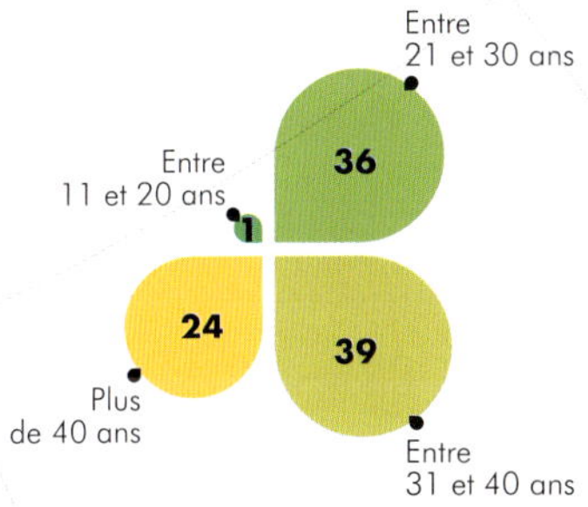

• **La production électrique selon les carburants**

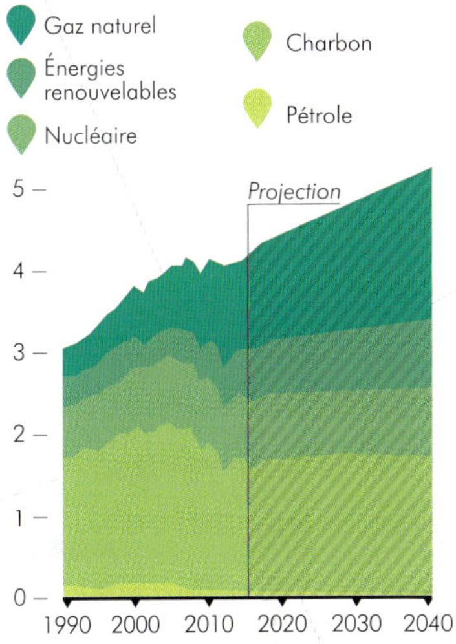

Les ambitions contrariées d'EDF

L'aventure américaine d'EDF a démarré en 2007 lorsque l'entreprise française a créé la joint-venture Unistar avec l'entreprise Constellation. Objectif : construire quatre nouveaux réacteurs sur le sol américain et amorcer ainsi une relance de l'atome. En 2010, Constellation s'est retiré d'UniStar et a revendu ses parts à EDF. Après le rachat de Constellation par Exelon, l'investissement est devenu un véritable fardeau pour EDF. En juillet 2013, EDF s'est incliné devant les réalités du marché nucléaire américain en se retirant définitivement.

La rentabilité de la filière en question

Depuis 2009 et l'avènement des gaz de schiste qui ont totalement bouleversé le paysage énergétique américain, l'atome n'est plus du tout concurrentiel aux États-Unis. Les travaux nécessaires pour la prolongation des réacteurs ainsi que la mise en œuvre de nouvelles normes de sûreté suite à l'accident de Fukushima entraînent des investissements si lourds que les compagnies privées préfèrent fermer leurs installations. Nombre de projets ont été abandonnés : deux réacteurs EPR de Calvert Cliff, les deux réacteurs de Toshiba... La compagnie Duke Energy, quant à elle, a abandonné la construction de quatre réacteurs en Caroline du Nord et de deux en Floride. Fin 2013, la firme UniStar, qui avait déposé une demande de licence pour un réacteur EPR à Nine Mile Point, près du lac Ontario, a fini par en demander l'annulation. Le gouvernement d'Obama a également renoncé à financer la fin des travaux de l'usine de MOX implantée à Savannah River en Caroline du Sud. Encore aujourd'hui, il semblerait que les États-Unis n'aient aucun désir de développer de nouvelles centrales. Autre point d'achoppement : la question irrésolue des déchets radioactifs. Depuis 1982, le département de l'énergie provisionne 0,1 cent par kWh nucléaire produit – soit 30 milliards de dollars – pour financer un centre de stockage. En vain ! Né en 1978, le projet du site d'enfouissement de Yucca Mountain, près de Las Vegas, est aujourd'hui en stand-by.

Les gouvernements successifs américains, aidés de l'industrie, ont pourtant tout fait pour faciliter la relance du nucléaire américain. Entre les garanties de prêts accordées par le département de l'énergie, la révision de la loi Price-Anderson qui plafonne le montant des indemnités en cas d'accident ou encore la loi Construction Work in Progress (CWIP) qui couvre les surcoûts liés à des retards ou des annulations de construction, le secteur bénéficie de conditions royales pour se relancer. Mais cela ne suffit pas jusqu'à présent.

Le pragmatisme chinois

Pays le plus peuplé du monde, porté par une forte croissance, la Chine connaît un développement très rapide de ses installations électriques. Face à cette gloutonnerie énergétique, le pays a fait le choix de recourir à toutes les sources d'énergie disponibles et notamment au nucléaire qui dispose de la capacité de produire en masse une électricité décarbonée.

Un parc en forte croissance

Véritable ogre énergétique, la Chine doit augmenter ses capacités de production rapidement. Chaque année, la consommation électrique chinoise progresse dans des proportions phénoménales et au cours des dix dernières années, la production électrique chinoise a triplé (+12,3 % par an). Le choix de l'électricité nucléaire est intervenu très tardivement, notamment du fait de l'importance des ressources de charbon qui constituent la base de la production électrique depuis 1990.

Dans ce contexte, le nucléaire chinois est en pleine croissance. La Chine compte 20 réacteurs en activité et 27 en construction. Au total, 40 % des réacteurs en construction dans le monde sont en Chine. Le développement des centrales électriques chinoises ne devrait pas ralentir de sitôt : la Chine produit aujourd'hui 8 fois plus d'électricité que la France, alors que sa population est 21 fois plus nombreuse.

Le parc nucléaire actuel de la Chine a été construit en grande partie avec l'aide de Framatome (devenu Areva), six réacteurs ont été construits par le biais de joint-venture franco-chinois où l'entreprise chinoise reste le premier actionnaire, mais également en partenariat avec les industries canadiennes et russes. Néanmoins la Chine a développé sa propre technologie avec des réacteurs de conception China General Nuclear Power Group. Et si les Français étaient des acteurs majeurs dans les années 1990 et 2000, ce sont aujourd'hui bel et bien des technologies chinoises qui occupent la majeure partie du marché de la construction. Le réacteur de conception française

LE PARC NUCLÉAIRE CHINOIS

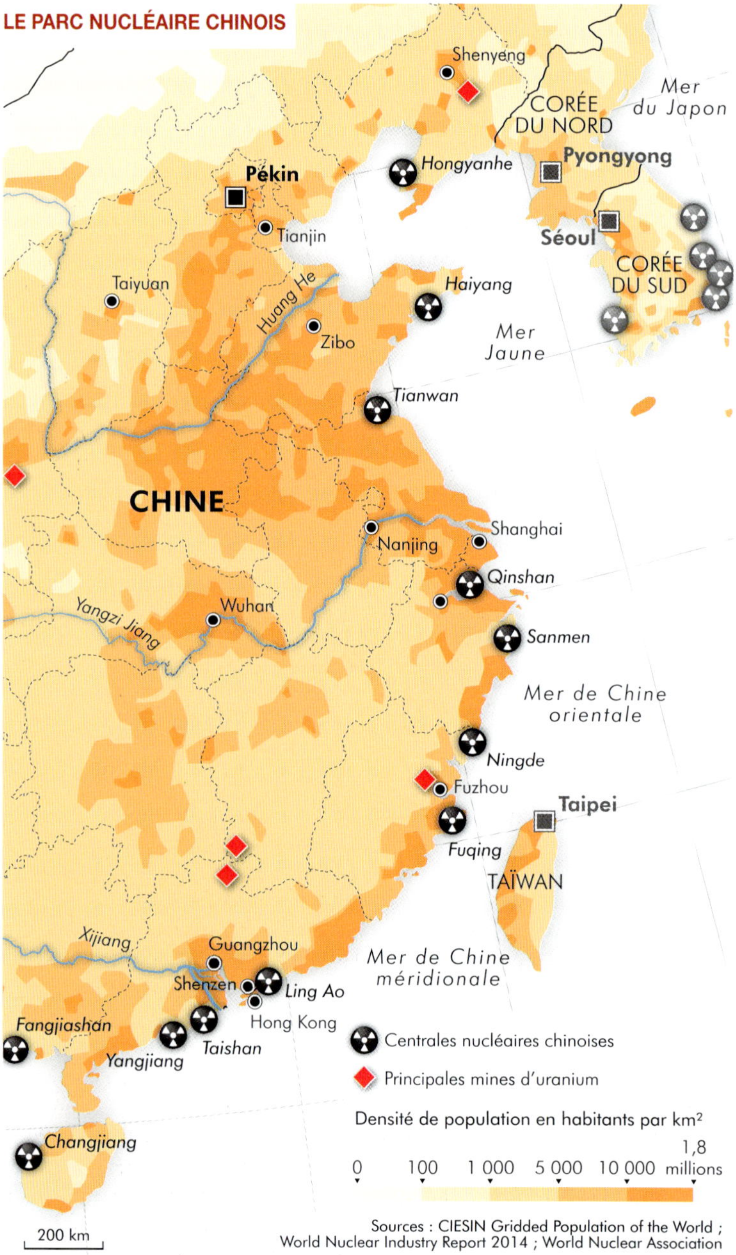

Sources : CIESIN Gridded Population of the World ; World Nuclear Industry Report 2014 ; World Nuclear Association

L'EMPIRE CHINOIS DU NUCLÉAIRE

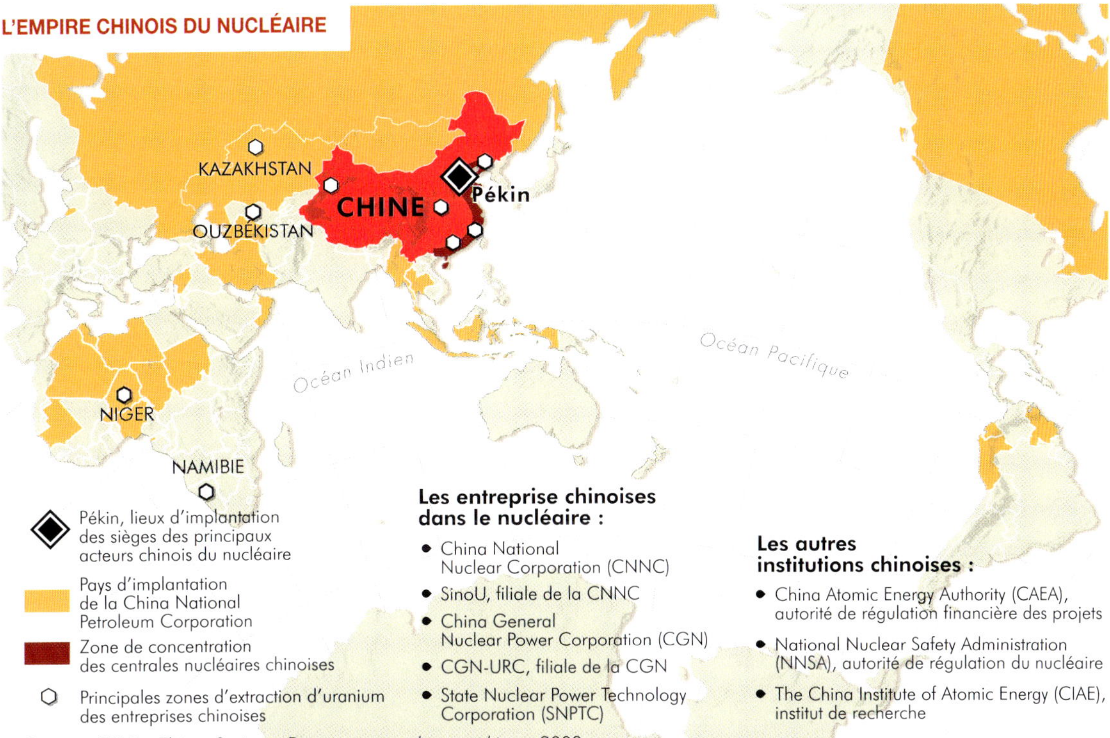

Sources : WNA ; Thierry Sanjuan, *Documentation photographique*, 2008.

CPR1000, développé par China General Nuclear Power Group (CGN), est aujourd'hui le plus présent sur le marché de la construction chinoise aux côtés du réacteur AP1000 développé par Westinghouse.

Depuis peu, la Chine est devenue exportatrice de technologies nucléaires. Des partenariats ont été signés au Pakistan, en Roumanie, en Argentine et en Turquie. La Chine négocie également son implantation en Afrique du Sud avec des arguments de poids: une devise très basse, des réserves financières importantes et surtout des prix très bas.

Une part très faible dans la production d'électricité

En dépit de son développement fulgurant, le nucléaire reste plus que marginal dans l'empire du Milieu: en 2013, cette énergie ne fournissait que 2,1 % de la production électrique du pays. Le mix électrique chinois reste largement dominé par le thermique (81,5 % en 2011), et notamment le charbon. Il n'empêche, la Chine est le leader mondial de la production d'électricité d'origine renouvelable, notamment hydraulique, avec 19,2 % du mix électrique, loin devant les États-Unis et le Brésil. En Chine, le nucléaire répond à deux impératifs politiques: la réduction des émissions de gaz à effet de serre et surtout la réduction de la pollution atmosphérique à proximité des villes. D'ailleurs dans les statistiques chinoises le nucléaire est classé comme une énergie renouvelable, en se basant sur le fait que le nucléaire est une énergie qui ne produit pas ou peu de gaz à effet de serre.

Des ambitions à la baisse

Le gouvernement s'est fixé un objectif de 58 GW de puissance nucléaire installée pour 2020, ce qui se traduit par la construction de 50 réacteurs en l'espace de cinq ans! À la vue du retard pris par les chantiers existants, cet objectif semble aujourd'hui difficilement atteignable. L'administration fait traîner les procédures, avec six projets qui devaient être approuvés l'année dernière mais qui ne l'ont pas été. Trois d'entre eux (7 GW au total) devraient cependant l'être bientôt, si l'on en croit la déclaration du gouvernement du mercredi 14 janvier 2015, et, en tout, cinq nouveaux chantiers pourraient démarrer en 2015.

NUCLÉAIRE ET RENOUVELABLES

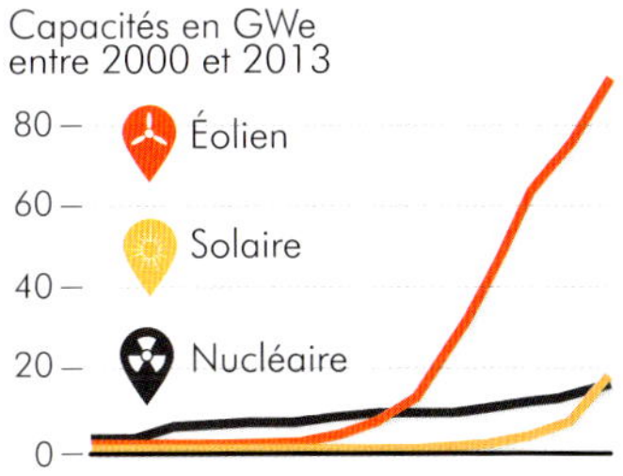

Source : WINSR

Des difficultés techniques semblent également empêcher la China State Nuclear Power Technology de tenir ses délais. Le réacteur de Sanmen, construit par l'américain Westinghouse, ne pourra pas démarrer en 2015 comme prévu à cause de mauvaises performances aux tests de sûreté. En dépit de ces freins, le marché du nucléaire chinois se porte globalement très bien et les perspectives d'avenir semblent florissantes. Un récent accord USA-Chine vise à stopper l'augmentation des émissions de gaz à effet de serre à l'horizon 2030. Un tel objectif exige l'installation de 1 000 GW de production d'énergie décarbonée, parmi lesquels le nucléaire occupe une place de choix.

Le pari indien

L'Inde est un géant énergétique qui veut augmenter la part du nucléaire dans son mix énergétique. Privé de technologies étrangères depuis plus de trente ans, le pays a donc développé la sienne et souhaite maintenant rattraper son retard en acquérant un maximum de modèles de réacteurs étrangers. Mais il doit faire face à une vive opposition de la population, marquée par la peur des risques encourus en cas de catastrophe.

ORGANISATION DE L'INDUSTRIE NUCLÉAIRE INDIENNE

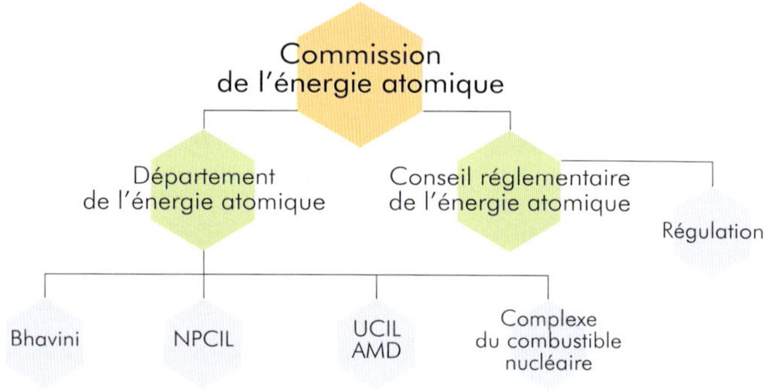

Source : World Nuclear Association

LE NUCLÉAIRE ET LES AUTRES SOURCES D'ÉNERGIE

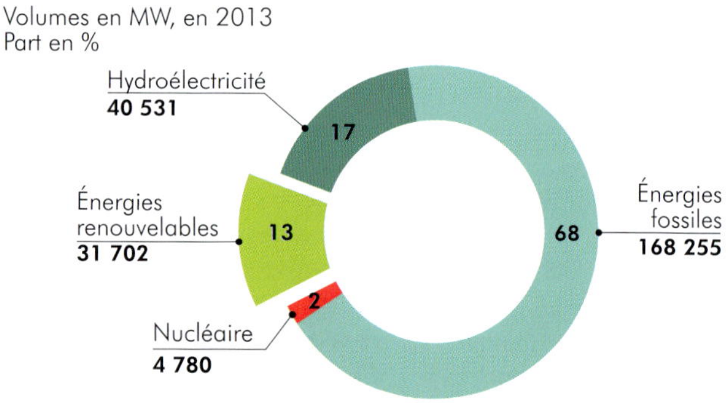

Source : Ministère indien des Énergies renouvelables

Nature et étendue du parc

Depuis 2011, l'Inde fait partie du club très fermé des pays générant plus de 1 000 térawattheures (TWh) d'électricité par an. L'écrasante majorité (83,4 %) est produite à partir des énergies fossiles. Les 21 réacteurs nucléaires, répartis sur sept centrales, ne fournissent que 3 % de l'ensemble. L'Inde est le 4e plus gros consommateur d'énergie mondiale, et le 3e émetteur de gaz à effet de serre, le gouvernement a donc l'intention de porter la part du nucléaire à 25 % de son mix électrique d'ici à 2050. Six réacteurs sont actuellement en construction. Fin 2014, l'Inde a signé un accord avec l'entreprise publique russe Rosatom pour la livraison de douze réacteurs d'ici à 2035.

La spécificité indienne

À cause de son programme militaire et de son refus de signer le traité de non-prolifération, l'Inde a été tenue à l'écart du marché nucléaire mondial. Elle n'a bénéficié d'aucun transfert de technologies et a dû développer seule son programme nucléaire civil. En 2008, elle a signé un accord de coopération avec les États-Unis, mettant fin à 34 ans d'embargo. Le pays désire rattraper son retard et s'équipe d'un panachage de réacteurs étrangers venant de France, de Russie, des États-Unis ou de Corée du Sud.

Durant toutes ces années, l'Inde est tout de même parvenue à développer un parc électronucléaire avec la technologie canadienne des réacteurs à uranium et à eau lourde, acquise dans les années 1970. Mais le pays dispose de maigres ressources en uranium naturel et doit importer 40 % de ses besoins. Par la suite, elle a développé une filière fonctionnant au thorium puisque son sous-sol abrite 13 % des ressources mondiales. Avec ces atouts, l'Inde ambitionne de devenir l'un des leaders mondiaux en matière de réacteurs rapides basés sur le thorium.

Mais le géant indien s'est lui-même mis des bâtons dans les roues en votant, en août 2010, une loi sur la responsabilité nucléaire civile dans laquelle l'opérateur indien peut poursuivre un fournisseur de réacteur étranger en cas d'accident. Dans cette loi, le fournisseur étranger est tenu pour seul responsable de l'indemnisation de potentielles victimes. Cette loi a fortement ralenti la vente de réacteurs américains et français sur le sol indien.

LE PARC NUCLÉAIRE INDIEN

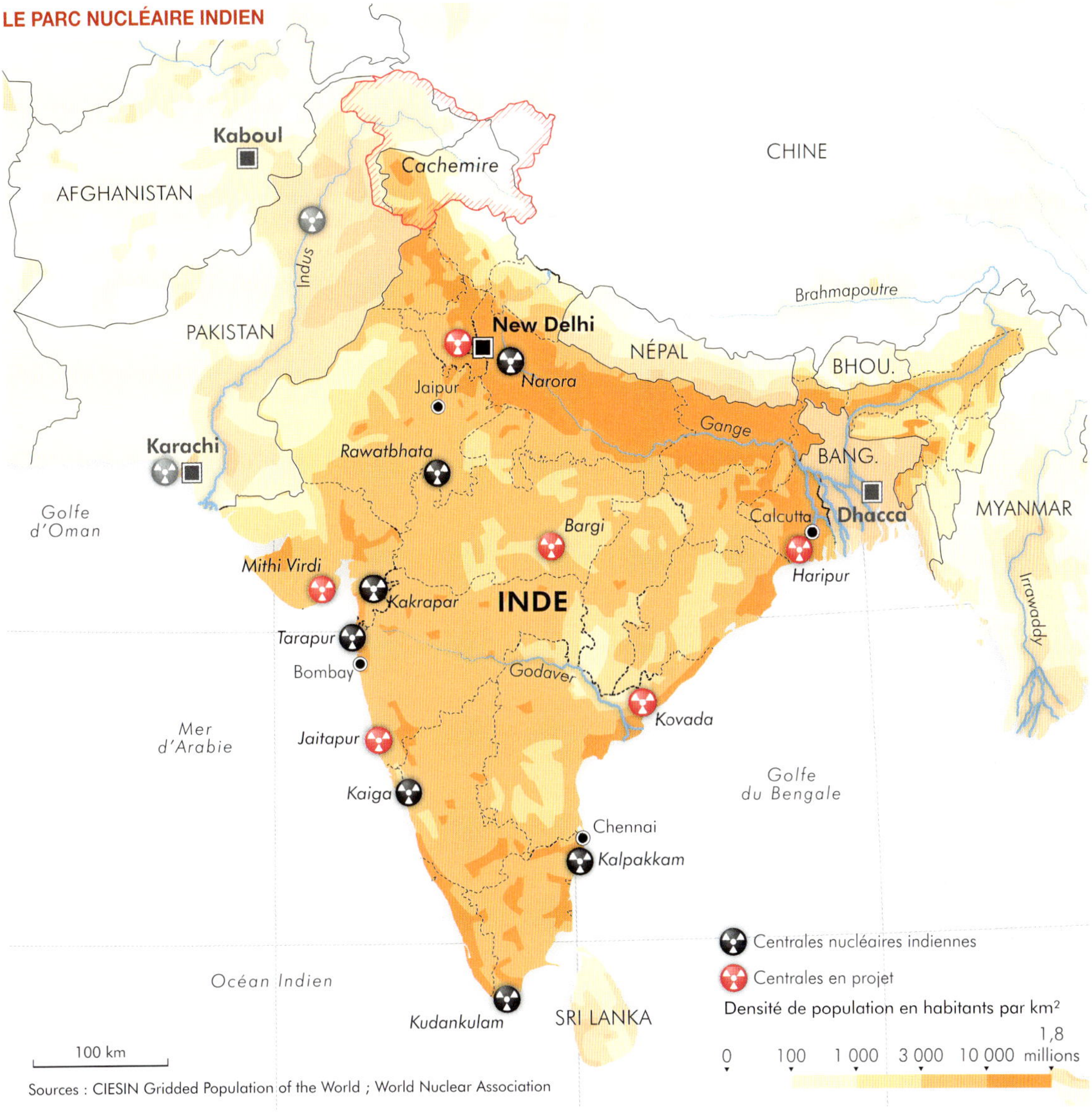

La concurrence des ENR

Les énergies renouvelables fournissent 13,6 % de la production d'électricité. Avec plus de 2 600 barrages de grande dimension, l'Inde s'est hissée au septième rang mondial des producteurs d'hydroélectricité et ce mode de production représente 77 % de son mix électrique non polluant. L'éolien arrive en deuxième position avec 20 % du bilan renouvelable. Le gouvernement de Narenda Modi a promis 100 GW de capacités solaires d'ici à 2022, un objectif difficilement réalisable en l'état. Le gouvernement voudrait faire passer la part des énergies renouvelables dans son mix énergétique à 15 % en 10 ans : en effet, quelque 400 millions d'Indiens n'ont encore pas accès à l'électricité et les centrales à charbon du pays en font déjà l'un des principaux pollueurs au niveau mondial.

La contestation du public

Qu'il s'agisse des centrales russo-indienne de Kudankulam ou franco-indienne de Jaitapur, les sites où se construisent des installations nucléaires affrontent une très vive opposition citoyenne composée d'écologistes et de communautés locales. Dans le magnifique village de Jaitapur, situé à 400 km au sud de Bombay, Areva prépare la construction de six réacteurs de 1 650 MW. Le partenaire d'Areva, la Nuclear Power Corporation of India Ltd (NPCIL), veut en faire « *le plus grand complexe nucléaire du monde* ». Jaitapur est l'un des dix plus grands « points chauds » de biodiversité de la planète. Le site se situe sur une zone sismique (de niveau 3) et la population alentour (environ 40 000 personnes) conteste, pacifiquement autant que possible, le projet et encore plus depuis la catastrophe de Fukushima. De violents affrontements avec la police ont cependant entraîné la mort d'un homme.

Le Japon post-Fukushima

En se privant de nucléaire, l'archipel japonais a expérimenté une transition énergétique brutale mais ses dirigeants refusent de renoncer définitivement à l'énergie atomique. Les règles du jeu ont été modifiées, les normes de sûreté renforcées, le tout pour préparer une lente relance du nucléaire nippon, au grand désespoir de la population qui refuse désormais de rouvrir les centrales du pays.

La reprise après le gel

Après le 11 mars 2011, le Japon est entré involontairement dans une transition énergétique brutale. Alors que l'énergie nucléaire représentait 25,8 % de sa production électrique totale en 2010, elle ne compte plus que pour 0 % du total deux ans plus tard. La réduction drastique de la contribution de l'atome a entraîné un recours plus important aux énergies fossiles (+ 9,9 %).

Il ne reste aujourd'hui que 48 réacteurs opérationnels au Japon, les six réacteurs de la centrale de Fukushima Daiichi étant définitivement déconnectés du réseau. Deux réacteurs ont continué à fonctionner à la centrale d'Oi au centre du pays.

En 2014, le gouvernement a multiplié les annonces en faveur d'une remise en service du nucléaire et ambitionne de ramener la part de cette énergie à 20 % du mix électrique en 2030, car la sortie radicale de la filière nucléaire a un impact non négligeable sur la balance commerciale du pays. La facture énergétique du Japon a flambé. D'après la Banque mondiale, elle est passée de 186 milliards de dollars en 2010 à 258 milliards en 2011. Mais cette hausse est d'abord due à la hausse du prix des énergies fossiles importées par le Japon.

Il n'empêche, le coût de l'énergie reste l'argument principal en faveur de la réouverture des centrales japonaises. Voilà pourquoi une relance partielle semble acquise. Quatre réacteurs ont d'ores et déjà obtenu le feu vert de l'Autorité de régulation du nucléaire (ARN) pour repartir. Il s'agit des réacteurs 1 & 2 de la centrale de Sendai et des réacteurs 3 & 4 de la centrale de Takahama. Pour cette dernière, l'exploitant KEPCO a dû négocier avec la NRA sur les questions de sécurité, et doit par exemple surélever une digue de protection au-delà de huit mètres de hauteur et installer des dispositifs de refroidissement supplémentaires.

De nouvelles règles du jeu

En juillet 2013, le Japon a mis en place un nouveau référentiel de sécurité et a modifié les règles d'indépendance de l'autorité de sûreté nucléaire. Avant la catastrophe, le régulateur nippon laissait le choix aux opérateurs d'établir ou non des protections contre les accidents jugés alors comme extrêmement improbables. De nouvelles règles de sûreté les obligent à mettre en place des contre-mesures contre les accidents graves, tels que la fonte d'un cœur de réacteur ou les tsunamis géants. Les évaluations des risques sismiques, en particulier concernant l'existence ou non de failles actives sous les réacteurs, sont aussi renforcées.

De même, les enceintes de confinement devront être équipées de filtres permettant de relâcher des gaz tout en limitant les émissions d'éléments radioactifs lorsqu'il est nécessaire de réduire la surpression et préserver l'intégrité des installations en cas d'accident majeur. Dans le même esprit, les salles de commande devront pouvoir résister à certains actes de terrorisme et catastrophes naturelles, des digues géantes doivent être élevées et des pompes de secours supplémentaires installées pour pallier une éventuelle panne du système de refroidissement.

Du fait de la contamination des sols, le Japon a relevé ses normes d'exposition. Alors que l'OMS préconise que la population ne soit pas exposée à plus d'1 mSv par an (en plus de la radioactivité naturelle), le Japon a augmenté ce seuil à 20 mSv. L'Agence de régulation nucléaire étudie aussi le passage à 250 mSv pour le personnel nucléaire en cas d'urgence. Les normes de contamination des aliments ont également été relevées pour certains produits comestibles comme la viande de sanglier, les champignons ou les poissons.

L'opposition de la population

Fait rarissime au Japon, la population est sortie en masse dans les rues pour s'opposer à la relance des centrales. En juillet 2012, près de 170 000 citoyens ont réclamé une renonciation définitive à l'énergie atomique. En mars 2015, ils n'étaient plus que 23 000. Les mouvements de protestation se sont peut-être essoufflés mais l'opposition à la relance nucléaire reste majoritaire. Les derniers sondages menés en janvier 2015 continuent de montrer que 65 % des Japonais refusent le redémarrage des réacteurs. Paradoxalement, cette opposition ne trouve pas d'écho politique. Lors des élections de décembre 2012 et 2014, le parti pronucléaire LDP a raflé la majorité des sièges de la chambre basse du Parlement. Les candidats antinucléaires, eux, n'ont obtenu qu'un nombre marginal de voix.

LES RÉACTEURS NUCLÉAIRES AU JAPON APRÈS FUKUSHIMA

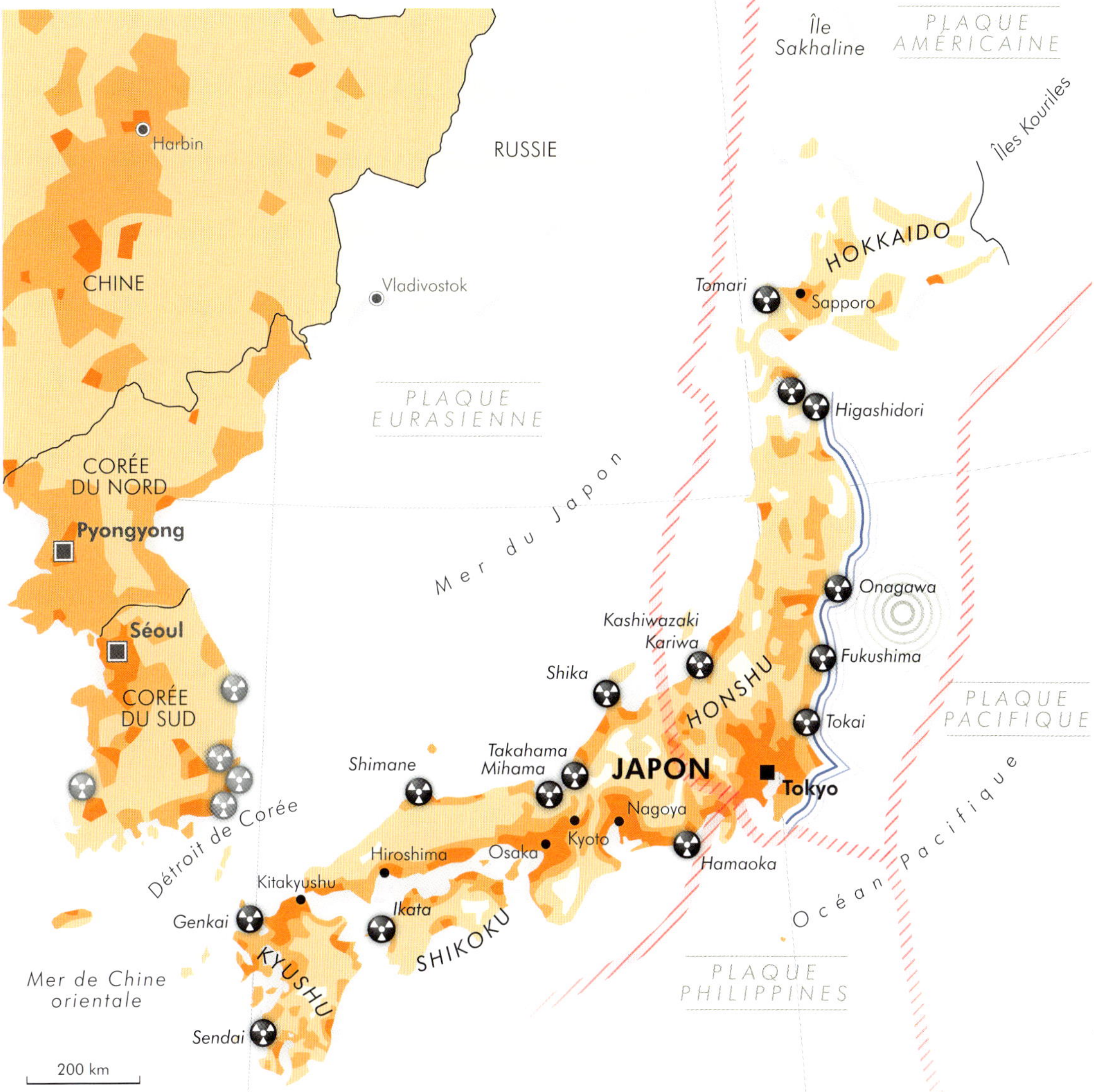

Un fort risque de catastrophe naturel

- Un littoral soumis à de nombreux tsunamis
- Un archipel au point de rencontre de quatre plaques tectoniques

L'activité nucléaire japonaise mise à l'arrêt

- Les 18 centrales nucléaires japonaises fermées

Un archipel très densément peuplé

Densité de population en habitants par km²

0 | 200 | 2 000 | 10 000 | plus d'1 million

Sources : CIESIN Gridded Population of the World ; World Nuclear Association

La production d'électricité au Japon : un avant et un après Fukushima

Part des différentes sources en pourcentage

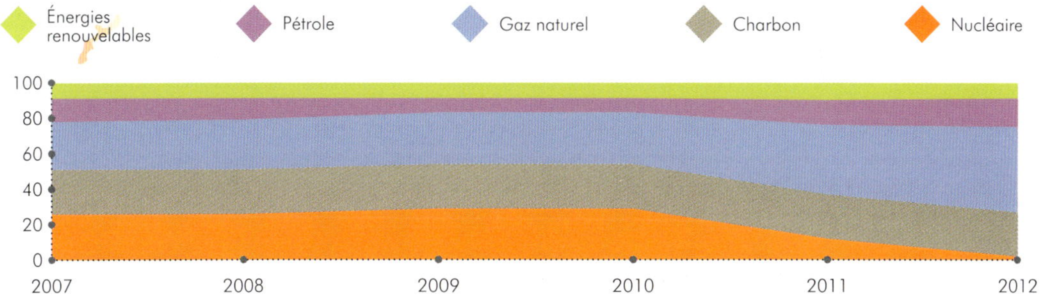

L'Europe nucléaire en stand-by

L'Europe est la région la plus nucléarisée du monde, avec une locomotive qu'est la France, qui produit à elle seule la moitié de l'électricité atomique de l'Union. Toutefois, la catastrophe de Tchernobyl a échaudé certains pays, tandis que celle de Fukushima a agi comme une douloureuse piqûre de rappel. Sur la question nucléaire, les positions franco-allemandes sont diamétralement opposées.

La place de l'Europe dans la production mondiale

Développée dès 1945 par la France et le Royaume-Uni, la filière électronucléaire s'est diffusée dans la plupart des pays européens. La Communauté européenne du charbon et de l'acier en 1951 puis le traité « Euratom » instituant la Communauté européenne de l'énergie atomique en 1957 sont à l'origine d'une convergence des États-membres dans le domaine énergétique. À la suite du choc pétrolier de 1973, cette source d'énergie a pris une place prépondérante. Ainsi, en 2008, 15 États de l'UE possédaient une industrie nucléaire. L'Union européenne apparaît aujourd'hui comme la région de la planète la plus massivement dotée de centrales nucléaires, avec 146 unités dont 131 opérationnelles. Elle possède près de 40 % des capacités électronucléaires mondiales, et l'énergie nucléaire fournit 27 % de son électricité. Dans ce tableau, la France occupe une place à part puisqu'à elle seule, elle fournit la moitié de l'électricité nucléaire de l'UE.

Des points de vue divergents

Depuis les catastrophes de Tchernobyl en 1986 et de Fukushima en 2011, le nucléaire ne fait plus l'unanimité en Europe. Ainsi, l'Autriche, le Danemark, la Grèce, l'Irlande et la Pologne ont interdit toute nouvelle construction de centrale. L'Allemagne, quant à elle, a fixé à 2022 sa sortie définitive du nucléaire. Il s'agit là du fameux « virage énergétique » (« Energiewende ») qui implique de trouver une alternative viable et propre pour 22 % de ses besoins électriques. À l'inverse, la France a choisi de confirmer son « option nucléaire » en développant des réacteurs de troisième génération et en accélérant la recherche sur les réacteurs de quatrième génération chargés de remplacer le parc actuel dès 2050. Toutefois, en 2012, François Hollande a été élu en partie sur un programme préconisant une réduction de la part du nucléaire dans la production électrique française de 75 % à 50 % d'ici à 2025. Au Royaume-Uni et en Finlande, la construction de nouvelles centrales se poursuit.

Les échanges d'électricité

Il existe un marché concurrentiel de l'électricité en Europe depuis les années 1990. Comme l'électricité est un bien à part qui ne se stocke pas, production et consommation doivent s'équilibrer en temps réel sous peine d'incident électrique (« *black-out* »). La France est le premier exportateur d'électricité en Europe vers l'ensemble de ses voisins. Au total, la France a exporté 44 TWh, soit l'équivalent de la production de plus de 5 tranches nucléaires et 15 % de sa consommation nationale. Cependant, en hiver, le fort taux d'équipement des foyers français en chauffage électrique entraîne de forts pics de consommation. Ainsi, durant la vague de froid de février 2012, la France est devenue importatrice nette d'électricité en provenance d'Allemagne. Les capacités d'importation peuvent représenter jusqu'à 10 % de la consommation. Quant au marché instantané, il met le nucléaire comme le gaz en grande difficulté en raison d'une production croissante et à bas coût des renouvelables.

Le paradoxe autrichien

S'il est un pays où le nucléaire a été tué dans l'œuf, c'est bien l'Autriche. Le pays compte trois réacteurs de recherche mis en service dans les années 1960. Un réacteur destiné à produire de l'électricité a bien été construit à Zwetendorf, mais lors du référendum de novembre 1978, organisé à la suite de l'accident de la centrale américaine de Three Mile Island, 50,5 % des électeurs s'opposent à sa mise en service. En 1999, le gouvernement promulgue une loi interdisant le recours à l'atome. Le pays produit 69 % de son électricité à partir d'énergies renouvelables, principalement hydraulique. Le reste provient d'énergies fossiles.

L'exemple italien

Au lendemain de la catastrophe de Tchernobyl, les Italiens se sont empressés de renoncer, par référendum, à l'énergie nucléaire. Les quatre centrales du pays ont fermé. Mais au cours des années 2000, la flambée du prix des énergies fossiles change la donne. En 2008, Silvio Berlusconi tente de relancer le programme électronucléaire et promet de construire un EPR d'ici à 2013. Le tremblement de terre de l'Aquila puis la catastrophe de Fukushima ont définitivement enterré la reprise du nucléaire civil. En juin, plus de 90 % des Italiens s'y sont opposés lors d'un référendum à questions multiples. L'Italie importe toutefois de l'électricité d'origine nucléaire en provenance des centrales françaises.

LE PARC EUROPÉEN

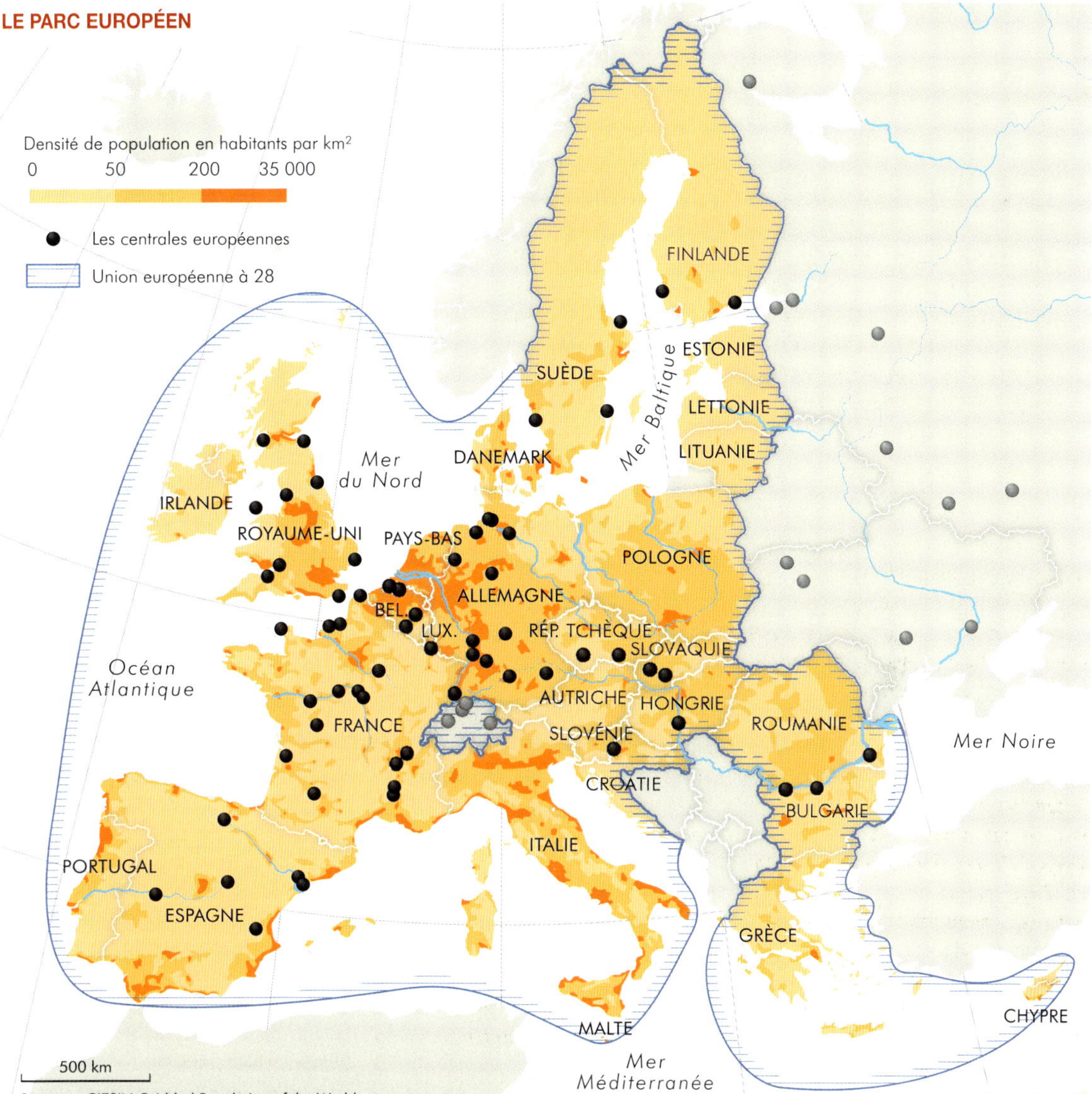

Sources : CIESIN Gridded Population of the World ;
EU Energy in figures, Statistical Pocketbook 2014 ; Commission européenne

Consommation intérieure brute d'énergie des '28'

Première source de consommation par pays

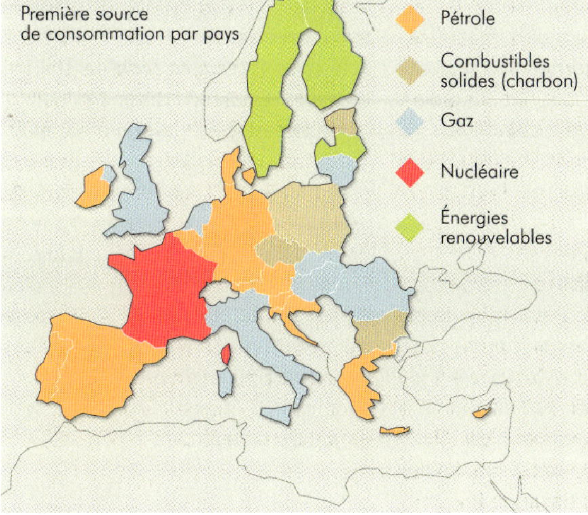

Évolution de la production d'énergie des '28'

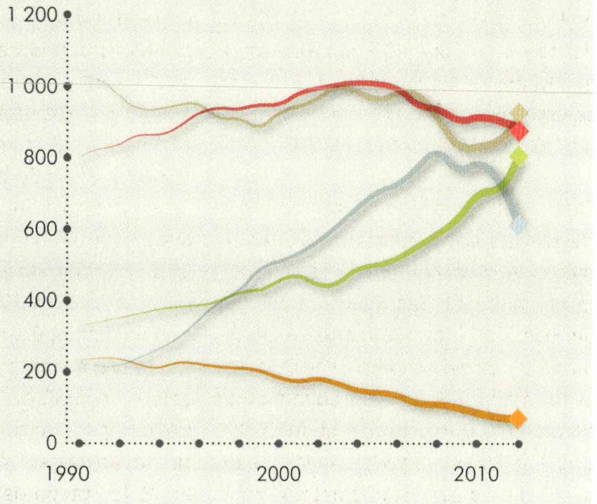

La transition énergétique allemande

Après le drame japonais en 2011, l'Allemagne a décidé d'abandonner l'atome pour se consacrer aux énergies renouvelables. Dans le même temps, elle vise la réduction de 80 % de ses émissions de gaz à effet de serre à l'horizon 2050. Un pari risqué que le pays semble pourtant en passe de réussir.

La sortie du nucléaire

Cela fait plus de quinze ans que l'Allemagne réfléchit à la suppression de l'atome de son mix électrique. Ce virage énergétique (« *Energiwende* ») a été pris pour la première fois en 2000, sous l'impulsion des verts alors au pouvoir dans le gouvernement de Gerard Schröder. En 2010, Angela Merkel reporte cette promesse en prolongeant unilatéralement la durée de vie des 17 réacteurs du pays de 10 ans contre un financement par le nucléaire du renouvelable. Mais la catastrophe de Fukushima refait pencher la balance en faveur d'une sortie plus rapide du nucléaire. Le Bundestag confirme alors la fermeture de l'ensemble du parc à l'horizon 2022. Huit réacteurs sont arrêtés immédiatement.

Pour mener à bien cette transition, l'Allemagne veut investir 200 milliards d'euros. Mais elle prépare surtout sa société à se passer de l'électricité nucléaire grâce à une réglementation stable et prévisible et des instruments de marché facilitant le financement de projets alternatifs. Le prix de l'électricité est plus élevé qu'en France, mais cela a entraîné une baisse de la consommation si bien que la facture moyenne d'un ménage allemand est plus basse que celle des Français.

De leur côté, les consommateurs et les citoyens adhèrent à l'objectif de transition énergétique. Lors d'un sondage publié en février 2014, 89 % des personnes interrogées sont favorables aux choix énergétiques, notamment parce qu'une partie importante de la population investit directement des projets en faveur de l'*Energiwende*. Aujourd'hui, les coopératives citoyennes détiennent jusqu'à 50 % des capacités de production d'énergie renouvelable. Les entreprises emboîtent le pas : le géant Eon a décidé d'abandonner ses activités dans les énergies fossile et nucléaire pour s'orienter uniquement vers le renouvelable.

Malgré l'arrêt de huit réacteurs en 2011, les émissions de CO_2 n'ont que faiblement augmenté en 2012 : + 2 % entre 2012 et 2013. La faute à une production d'électricité en hausse, tirée par l'export. Surtout, elle fait de plus en plus appel au charbon au détriment du gaz en raison de la chute du prix du charbon. Autre élément défavorable au gaz : l'inefficacité du système des quotas de CO_2 a poussé les producteurs d'électricité allemands à augmenter la part du charbon dans leur mix : + 23,1 % entre 2011 et 2014. Les objectifs de réduction des émissions de gaz à effet de serre demeurent de 40 % d'ici à 2020 et de 55 % d'ici à 2030.

La filière conquérante des renouvelables

Pour compenser son déficit d'énergie nucléaire, l'Allemagne s'appuie principalement sur la formidable croissance des énergies renouvelables, dont la production a augmenté de 11,3 % par an en moyenne sur les dix dernières années. L'Allemagne est le premier producteur d'électricité photovoltaïque au monde en 2012 avec une production de 28 TWh, bien supérieure à celle des filières italienne (18,9 TWh) et états-unienne (12,8 TWh).

En 2012, la filière photovoltaïque a même atteint la « parité-réseau », le Graal des énergies renouvelables, à savoir ce moment où le coût de production d'une énergie nouvelle égale le prix moyen de l'électricité sur le réseau. Ainsi, le photovoltaïque allemand n'a plus besoin de subventions ! Le prix des modules a été divisé par trois depuis 2006 et si les panneaux photovoltaïques sont effectivement fabriqués en Chine, 75 à 80 % de la valeur ajoutée du secteur, de la production à l'utilisation, profite aux installateurs allemands.

Les exportations d'électricité vers la France

Paradoxalement, l'Allemagne dénucléarisée fournit de l'électricité à la France nucléaire. Avec l'essor de la production d'électricité éolienne et solaire en Allemagne, il est parfois plus intéressant pour les fournisseurs d'électricité français d'importer du courant d'Allemagne plutôt que d'en produire eux-mêmes. Par ailleurs, près d'un tiers des ménages français se chauffe à l'électricité, contre moins de 4 % des foyers allemands, le marché français de l'électricité est donc beaucoup plus sensible aux variations de températures que le marché allemand. Ainsi, lorsque la température moyenne baisse d'un degré, la consommation d'électricité augmente de 2 300 MW en France, mais de seulement 500 MW en Allemagne. Lors des pics de consommation en hiver, l'Allemagne soutient donc la consommation française.

LE PARC NUCLÉAIRE ALLEMAND

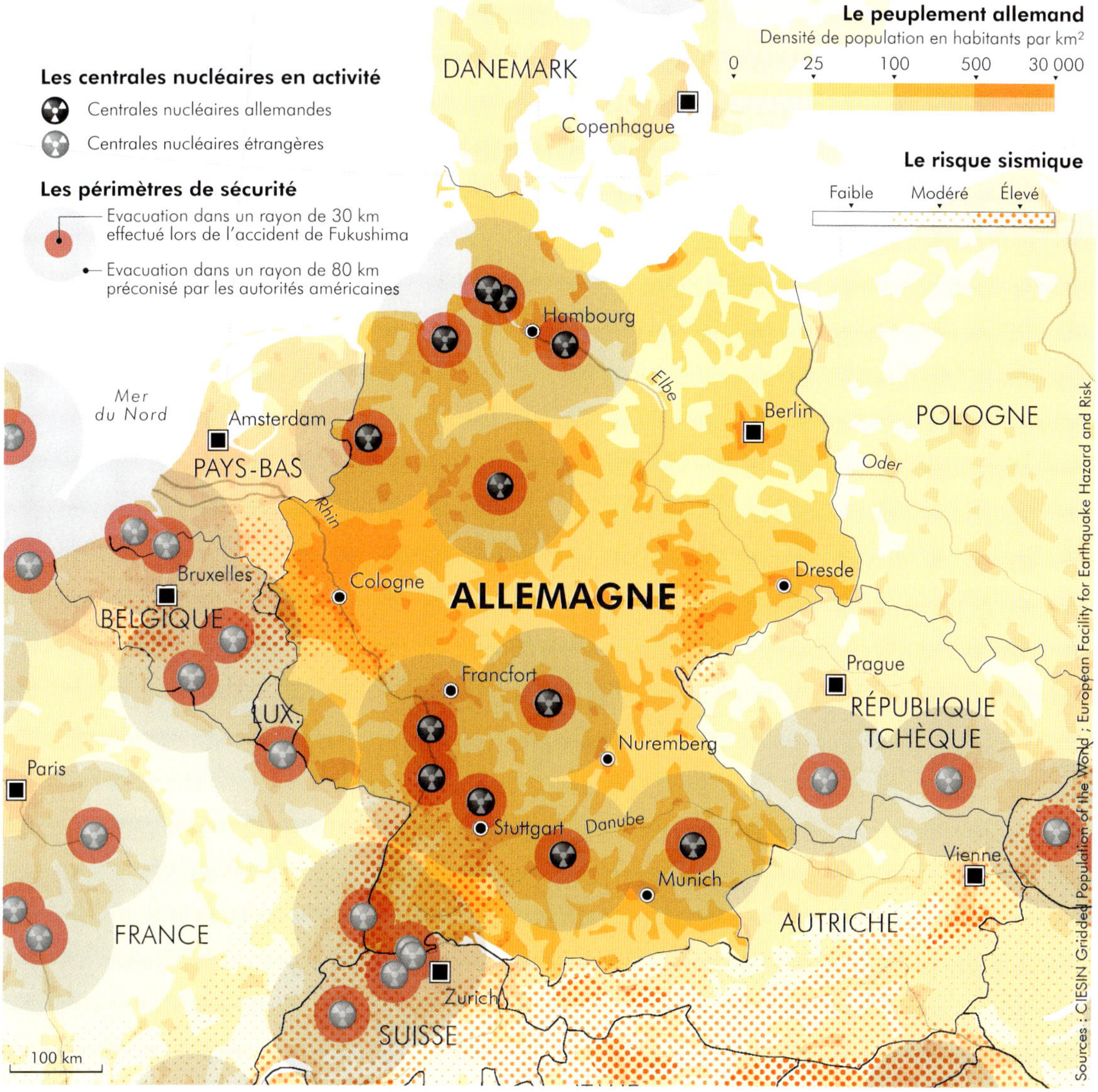

LA PRODUCTION ET LE PRIX DE L'ÉLECTRICITÉ

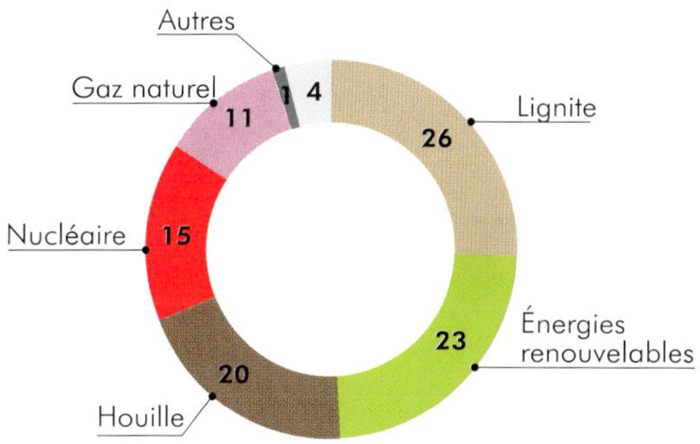

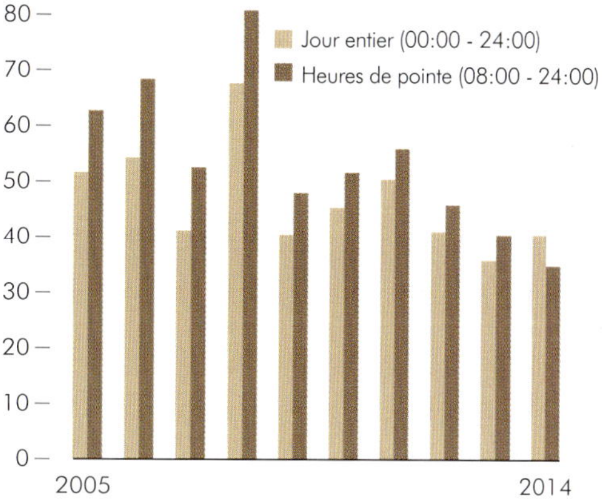

Sources : German Energy Transition ; FraunhoferISE

La France à la croisée des chemins

La France demeure un modèle unique au monde : la part du nucléaire dans la production électrique globale y est énorme (76 %). Pour autant, elle est à la croisée des chemins. La classe politique et le monde économique semblent considérer que le choix du nucléaire ne fait aucun débat. Il est vrai que l'industrie nucléaire est une fierté nationale, due aux découvertes françaises du début du siècle et au fleuron industriel qu'elle a été au cours du XXe siècle. Mais aujourd'hui, la situation a beaucoup changé, en raison du vieillissement des centrales, de la découverte du risque systémique, du fiasco de l'EPR, du caractère insoluble du traitement des déchets et, enfin, des dérives financières des grands acteurs du nucléaire comme Areva, une société qui aurait déposé le bilan depuis longtemps si elle était une entreprise privée. La montée en puissance de l'Autorité de sûreté nucléaire qui assure la responsabilité morale et juridique de la sécurité nucléaire conduit à des heurts de plus en plus visibles avec l'exploitant. À ceci s'ajoute une opacité en contradiction de plus en plus flagrante avec les exigences démocratiques françaises et avec les inquiétudes de nos voisins quant à l'information sur l'état des centrales frontalières.

Le nucléaire, une histoire française

« On n'a pas de pétrole mais on a des idées. » Le slogan des années 1970 résume bien la stratégie française en matière d'approvisionnement énergétique. La longue liste des Nobel (Pierre et Marie Curie, Antoine Henri Becquerel, Irène et Frédéric Joliot-Curie, Georges Charpak, Serge Haroche) témoigne de l'histoire intime entre la France et le nucléaire, histoire qui a souvent conduit à des décisions quasi passionnelles.

Les premiers pas

L'aventure nucléaire française est née après la guerre avec la création du CEA qui oriente, à l'époque dans un but militaire, les efforts de recherche vers la production de plutonium. C'est à l'usine du Bouchet en 1949 que la première opération de retraitement réussit. Le premier plan quinquennal (1952-1957) voit aboutir la construction de piles au graphite, servant à fournir du plutonium militaire à l'usine UP1 de Marcoule et à l'usine pilote de Châtillon.

En 1959 le CEA augmente sa capacité de production : après l'usine pilote de Marcoule en 1955, une seconde est construite à La Hague en 1960. Plusieurs centrales civiles aux technologies diversifiées voient le jour dans le cadre du deuxième plan quinquennal : la centrale franco-belge à eau légère de Chooz (1960), la centrale à eau lourde de Brennilis (1962) et le développement de filières à neutrons rapides, avec la construction du réacteur Rapsodie suivi du projet Phénix. Dans le même temps, un certain nombre de centrales nucléaires conçues sur le modèle graphite-gaz sont construites, en particulier le long de la vallée de la Loire.

Mais le très grave accident de Saint-Laurent-des-Eaux en 1969 provoque l'abandon des filières de graphite-gaz, au profit de la filière à eau pressurisée de licence Westinghouse. À ce stade, la France n'en est encore qu'en phase de recherche, cherchant à faire aboutir une technologie française, qui ne verra pas le jour.

L'HISTOIRE DU NUCLÉAIRE FRANÇAIS

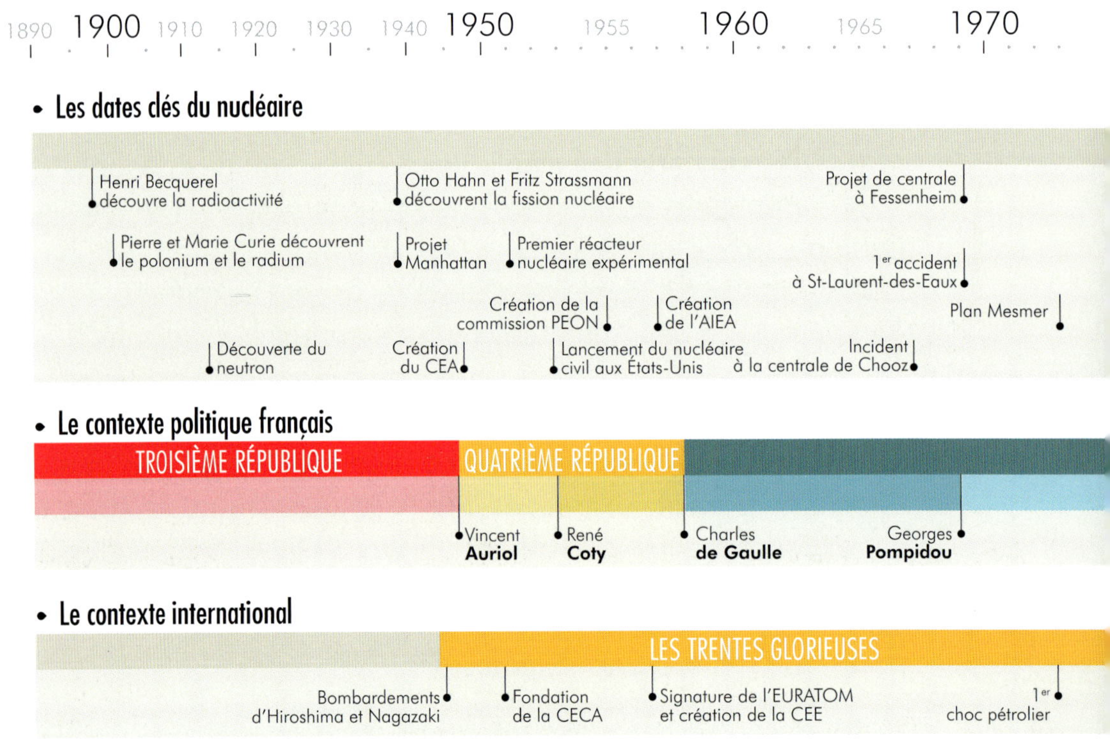

Le tournant du choc pétrolier et la Commission PEON

La centrale de Fessenheim est lancée au début des années 1970, suivie des centrales Bugey 2 et Bugey 3 dont les travaux de construction démarrent en 1972. C'est cette année-là que la Commission dite PEON (Production d'électricité d'origine nucléaire) conduite par le CEA et EDF obtient du gouvernement Mesmer le lancement du grand programme nucléaire français : une cinquantaine de réacteurs sont construits entre 1970 et 1990 à la suite du premier choc pétrolier de 1973.

C'est dans ce contexte de développement que naît l'idée de Superphénix, un réacteur nucléaire à neutrons rapides mis en œuvre par un consortium européen, avec une participation d'EDF à hauteur de 51 %, d'ENEL à 33 %, d'entreprises allemandes, belges et britanniques. Mais la filière surgénérateur s'avère être un échec complet, donnant lieu à la transformation de Superphénix en simple réacteur, puis à sa fermeture en 1997, pour un coût d'environ 10 milliards d'euros.

Par ailleurs, la question de l'enrichissement de l'uranium devient primordiale pour le développement du nucléaire en Europe, dépendante à l'époque des importations. Un consortium est créé, Eurodif (European Gaseous Diffusion Uranium Enrichissement Consortium), dont la France devient l'actionnaire principal en 1973 avec le CEA.

Une culture de l'opacité

L'industrie nucléaire manque de transparence. Alors que les contribuables ont assumé le coût de cet immense projet, lequel a mobilisé directement et indirectement une grande partie des ressources financières publiques, aucune loi n'est venue autoriser cette dépense. Cette industrie s'est également construite sur un mythe, celui de l'absence de risque d'accident. Enfin, elle a toujours fait l'impasse sur le futur des déchets, remettant le problème à plus tard. Aucune solution durable n'a pour le moment été trouvée.

Toutes les installations nucléaires ont été réalisées sur la base du décret du 11 décembre 1963, un acte administratif qui s'appuie, de manière tout à fait artificielle, sur la base de la loi de 1961 concernant la pollution atmosphérique et permettant de limiter les rejets radioactifs dans l'air. Il faudra attendre 1991 pour qu'intervienne la première loi sur la gestion des déchets radioactifs permettant précisément la réalisation d'un centre d'enfouissement de déchets radioactifs à vie longue.

Depuis, le débat sur le nucléaire reste bloqué en France. Après Fukushima, il ne peut plus être totalement évité, mais il est faussé. S'opposent artificiellement une vision d'experts qui ne voient que la solution nucléaire, et celle de militants, sans que les éléments d'information clé soient fournis au public pour lui permettre une vraie réflexion. Un débat serein sur le choix énergétique et son avenir semble aujourd'hui hors de portée, comme l'a montré la manière accessoire avec laquelle la question est abordée en 2014, à l'occasion de la loi sur la transition énergétique.

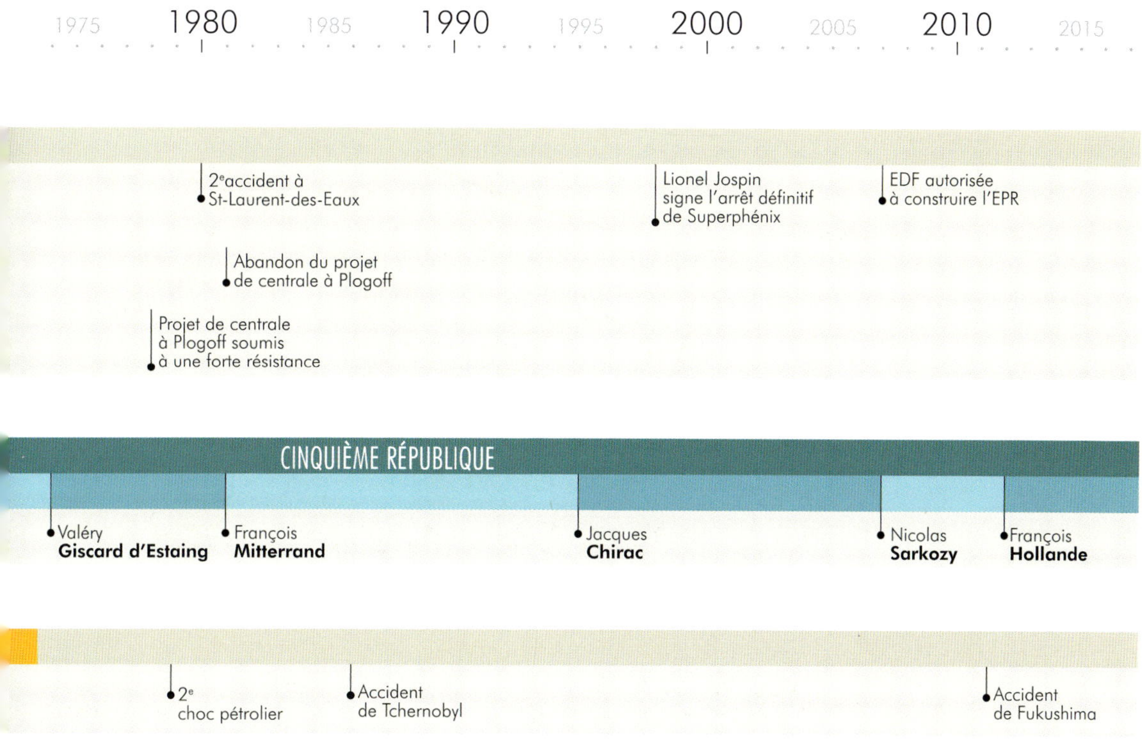

Les installations en France

Aucune partie du territoire métropolitain n'est distante de plus de 300 km d'une centrale nucléaire. Mais les installations de l'industrie nucléaire ne se résument pas aux 19 centrales et 58 réacteurs, elles comptent aussi les usines de fabrication et de retraitement du combustible, les réacteurs de recherche, les sites de stockage. De ce point de vue, la France est le pays le plus nucléarisé du monde.

Les réacteurs en activité

Le parc nucléaire compte aujourd'hui 58 réacteurs opérationnels répartis dans 19 centrales nucléaires ou sites nucléaires en plus des 12 qui sont définitivement arrêtés et 1 est en construction. Parmi eux, on compte 34 réacteurs de 900 MW (les plus anciens), 20 de 1300 MW et 4 de 1450 MW. Ces réacteurs avaient initialement été prévus pour durer 30 ans.

48 des 58 réacteurs nucléaires ont été mis en service entre 1978 et 1989 et 80 % auront 30 ans avant 2019, certains même 40 ans. Le parc français est donc vieillissant, dangereux et nécessite des investissements croissants. Malgré cela, nombreux sont ceux qui tentent de prolonger les autorisations (Fessenheim a été autorisé à fonctionner jusqu'en 2022).

À ces réacteurs en activité s'ajoutent un réacteur EPR en construction à Flamanville, 9 réacteurs de recherches en service, dont ceux de l'Institut Paul Langevin, l'Institut CEA de Saclay et le centre de Caradache. Deux autres réacteurs à neutrons rapides (Astrid) sont en projet à Cadarache et à Marcoule.

En plus de ces réacteurs civils, la Marine nationale utilise 10 réacteurs nucléaires pour ses sous-marins et son porte-avions à propulsion nucléaire, 6 sont en phase de démantèlement, et 6 en construction.

Les réacteurs et centres de recherche à l'arrêt

En plus des 58 réacteurs précités, 33 sont à l'arrêt ou en cours de démantèlement. Parmi eux, ont été mis à l'arrêt définitif : les deux réacteurs graphite-gaz de Marcoule et les deux réacteurs Phénix, les 3 réacteurs graphite-gaz à Chinon, un réacteur à Chooz, un à Brennilis, deux réacteurs graphite-gaz à Saint-Laurent, un réacteur graphite-gaz à Bugey. Il faut ajouter à cela la fermeture en 1997 de Superphénix à Creys-Malville, site sur lequel travaillent toujours plusieurs milliers de personnes.

Les activités d'un certain nombre de centres de recherches ont été définitivement arrêtées : les centres CEA de Fontenay-aux-Roses, de Saclay, de Valduc et de Grenoble, les sites nucléaires de Brennilis, de Marcoule et de Cadarache. Les réacteurs à l'arrêt qui seront tous démantelés doivent en attendant être étroitement surveillés et contrôlés.

La fabrication du combustible

Le minerai, qui sert de base à la fabrication des combustibles nucléaires est désormais totalement importé. Il fait l'objet d'une première opération de conversion dans l'usine Comurhex de Malvési (Aude) et de Pierrelatte (Drôme). L'enrichissement s'effectue ensuite à l'usine Georges-Besse et sur le site nucléaire du Tricastin. Les assemblages pour réacteurs sont fabriqués par les entreprises FBFC sur le site nucléaire de Romans ; le MOX est fabriqué sur le site nucléaire de Marcoule qui comporte une usine d'extraction de plutonium et une installation pilote Atalante.

Sites de gestion des déchets

Aux sites nucléaires proprement dits, s'ajoutent les sites de traitement et de stockage des déchets radioactifs. L'usine de retraitement située à La Hague ne gère, à deux exceptions près, que les déchets radioactifs provenant des réacteurs d'EDF. En ce qui concerne le stockage, citons le site de la Manche, et le site de Soulaines

LES INSTALLATIONS EN FRANCE ET LA DENSITÉ DE POPULATION

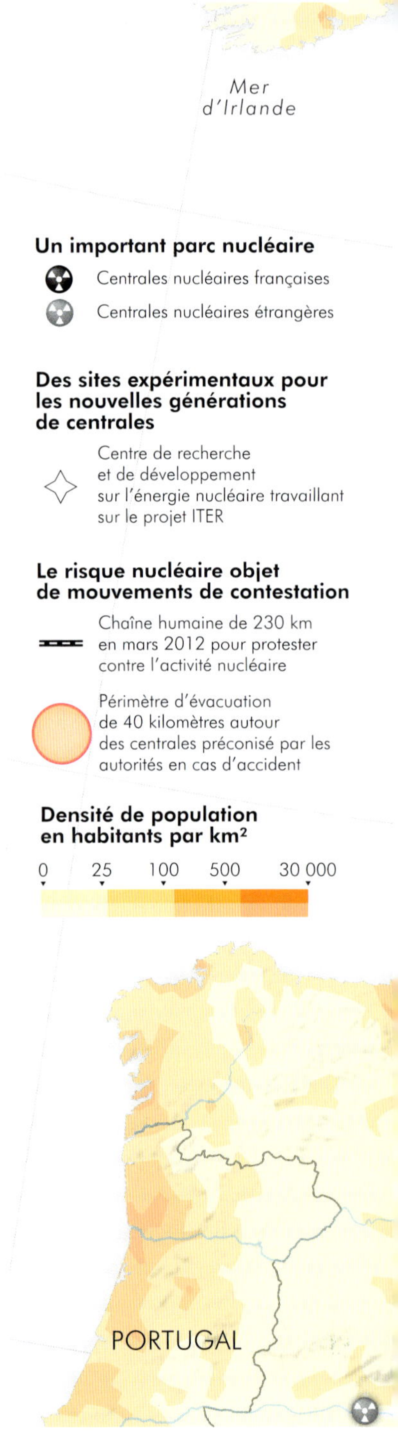

Sources : CIESIN Gridded Population of the World ; Teva Meyer, Institut français de géopolitique

qui stocke, lui, des déchets de faible et moyenne activité à vie courte. Les déchets de très faible activité sont stockés à Morvilliers dans l'Aube et un futur centre de stockage à Bugey pour les déchets à moyenne activité a été autorisé. Le laboratoire de recherche souterrain de la Meuse à Bures préfigure quant à lui le centre d'enfouissement de déchets radioactifs et le projet Cigeo. Ajoutons au panorama de nombreuses installations médicales – pour les activités thérapeutiques, de diagnostic et de recherche – installations certes beaucoup plus modestes mais qui produisent une quantité importante de déchets devant également être stockés.

Les grands acteurs

La filière nucléaire en France se compose aujourd'hui de trois acteurs majeurs : Areva l'industriel, EDF l'industriel et l'exploitant, et le CEA, organisme public de recherche. Ces trois acteurs font face à des problèmes financiers majeurs, voire vitaux en ce qui concerne au moins Areva. De leur activité dépendent des fournisseurs comme Alstom et des sous-traitants chargés en particulier de la maintenance.

Areva, l'industriel

Créée en 2001 de la fusion de la Cogema, de Technicatome et de Framatome, et née de la volonté d'avoir un acteur capable d'intervenir sur l'intégralité du cycle nucléaire, la tête de pont du nucléaire français Areva se trouve dans une très mauvaise situation financière qui ne date pas d'aujourd'hui.

Dans un marché du nucléaire qui s'effondre, l'ouverture du capital en décembre 2010 a entraîné une chute considérable du cours d'Areva, qui a perdu 55 % entre 2009 et 2011. En 2010, les agences de notation commencent à rétrograder la note d'Areva, la contraignant à vendre ses actifs. Mais le véritable calvaire financier commence avec l'EPR finlandais. Le chantier, qui devait coûter 3 milliards d'euros pour une mise en service en 2009, accuse désormais 9 ans de retard et certains s'interrogent sur le fait de savoir s'il sera un jour achevé. Areva a été contrainte de provisionner 3,5 milliards d'euros. À ceci s'ajoute l'achat catastrophique de la mine namibienne UraMin avec une perte de l'ordre de 2,5 milliards d'euros. Enfin, la réduction du parc nucléaire mondial a également affecté le carnet de commandes.

Dans le bilan de février 2015, Areva annonce un recul de son chiffre d'affaires de 8,34 milliards d'euros en 2014, lié à la baisse constante dans le secteur des mines, du retraitement, des réacteurs et même des énergies renouvelables. Seuls l'enrichissement et la fabrication du combustible accusent une hausse de 7 %. Areva continue de bénéficier du soutien de l'État qui possède 87 % du capital, et réfléchit à des solutions de renflouement, mais c'est la stratégie même de l'entreprise, voire son existence, qui est désormais en cause.

EDF, l'opérateur

Acteur historique, EDF exploite les 58 réacteurs français et est l'opérateur des réacteurs britanniques. Mais paradoxalement, à l'étranger, EDF ne mise pas uniquement sur le nucléaire, comme c'est le cas aux États-Unis, où l'entreprise se positionne dans les énergies renouvelables. La situation financière d'EDF est très difficile et le projet de fusion avec Areva pourrait bien accroître le problème.

EDF, par la voix d'Henri Proglio, avait évalué sa dette au 30 juin 2014 à 30 milliards d'euros mais l'endettement net réel s'élevait donc selon l'ancien dirigeant Bernard Brun à 41,7 milliards. Quoi qu'il en soit, le montant de cette dette est très préoccupant au regard du fiasco de Flamanville dont le coût de réalisation devrait avoisiner les 10 milliards d'euros, des investissements colossaux à réaliser en Grande-

LA CONSTELLATION DU LOBBY NUCLÉAIRE

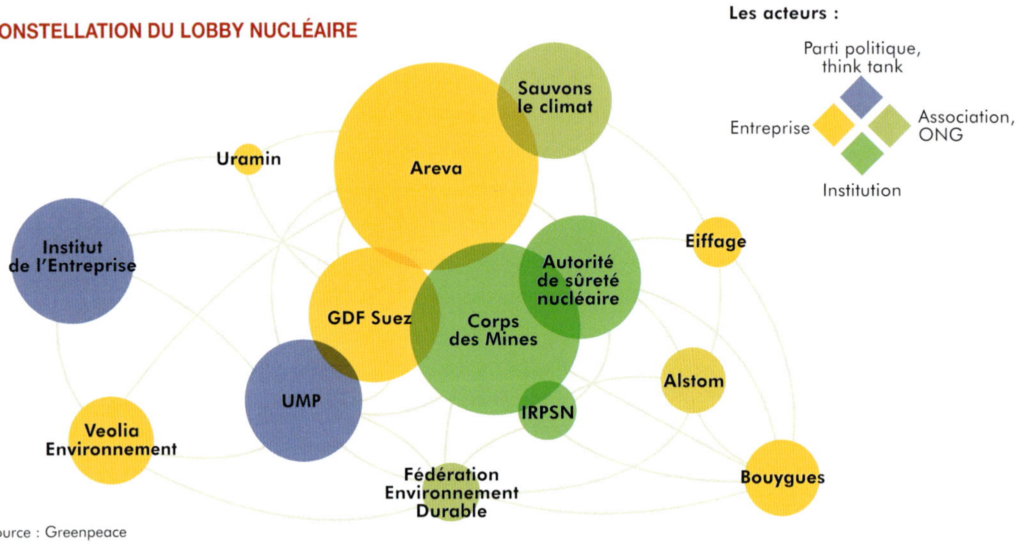

Source : Greenpeace

Bretagne, et surtout de l'obligation d'investir dans la mise aux normes des centrales exigée par l'Autorité de sûreté nucléaire, *a fortiori* s'il s'agit de prolonger la durée de vie des centrales. Une partie de cette dette est due à des investissements étrangers hasardeux, notamment une perte de 6 milliards de dollars aux États-Unis dans l'affaire Constellation, et des milliards dans des investissements hasardeux en Amérique du Sud.

Quoi qu'il en soit, la valeur de l'action EDF entre 2010 et 2015 est passée de 40 à 25 euros, et dans le bilan publié pour 2014, la dette est évaluée à 61 milliards d'euros.

Le CEA, l'opérateur public

Le CEA est créé le 18 octobre 1945 par le général de Gaulle, avec à sa tête Frédéric Joliot-Curie comme commissaire et le général Raoul Dautray comme administrateur. Cet établissement public directement financé par l'État a depuis élargi son champ de compétence au-delà du nucléaire aux énergies alternatives, aux technologies de l'information et aux technologies pour la santé (nanotechnologies). Il dispose également d'une direction des applications militaires. Il gère les centres de recherche civils et militaires et joue également un rôle de soutien à l'industrie. Le CEA est aujourd'hui l'actionnaire d'Areva pour le compte de l'État, mais il est confronté à des difficultés considérables, notamment du fait de l'inflation des coûts du démantèlement, notamment celui du centre de recherches de Marcoule. Son budget était en 2013 de 4,3 milliards, dont 1,3 milliard pour les activités civiles.

Le CEA porte le projet Astrid, réacteur dit de la 4e génération, qui n'est qu'un projet Superphénix relooké, financé sur le budget des investissements d'avenir à hauteur de 600 millions d'euros. Il porte également le projet ITER, très contesté en raison de son coût prohibitif et de son absence d'impact possible sur la question essentielle de la transition énergétique à court et moyen terme.

LES ACTEURS DU NUCLÉAIRE FRANÇAIS : QUI FAIT QUOI ?

Source : Teva Meyer, Institut français de géopolitique

Le mythe de l'indépendance énergétique française

En France, la production d'électricité d'origine nucléaire est constamment présentée comme la garantie d'une indépendance énergétique. Mais, si l'électricité est produite en France, les combustibles nécessaires à cette production sont importés. C'est la raison pour laquelle, en Allemagne, l'électricité d'origine nucléaire n'est pas comptabilisée comme assurant l'indépendance énergétique du pays. L'argument de l'indépendance énergétique est donc largement fallacieux.

Qu'est-ce que l'indépendance énergétique ?

En France, l'INSEE définit le taux d'indépendance énergétique comme « le rapport entre la production nationale d'énergies primaires et la consommation en énergie primaire, une année donnée. Un taux supérieur à 100 % (cas de l'électricité) traduit un excédent de la production nationale par rapport à la demande intérieure et donc un solde exportateur ».

Le discours prétendant que la France dispose d'un taux d'indépendance énergétique de 100 % pour l'électricité est purement et simplement faux. Deux pays au monde peuvent prétendre avoir cette indépendance. C'est le Canada et la Russie, qui disposent d'un cycle amont complet (ils extraient de leurs mines l'uranium dont ils ont besoin) et de licences d'exploitation leur permettant de ne pas avoir recours à l'importation de minerais ni à des technologies étrangères. Les États-Unis disposent bien de mines d'uranium mais ne parviennent pas à en produire assez pour leurs 104 réacteurs.

LES ÉCHANGES D'ÉLECTRICITÉ ENTRE LA FRANCE ET SES VOISINS

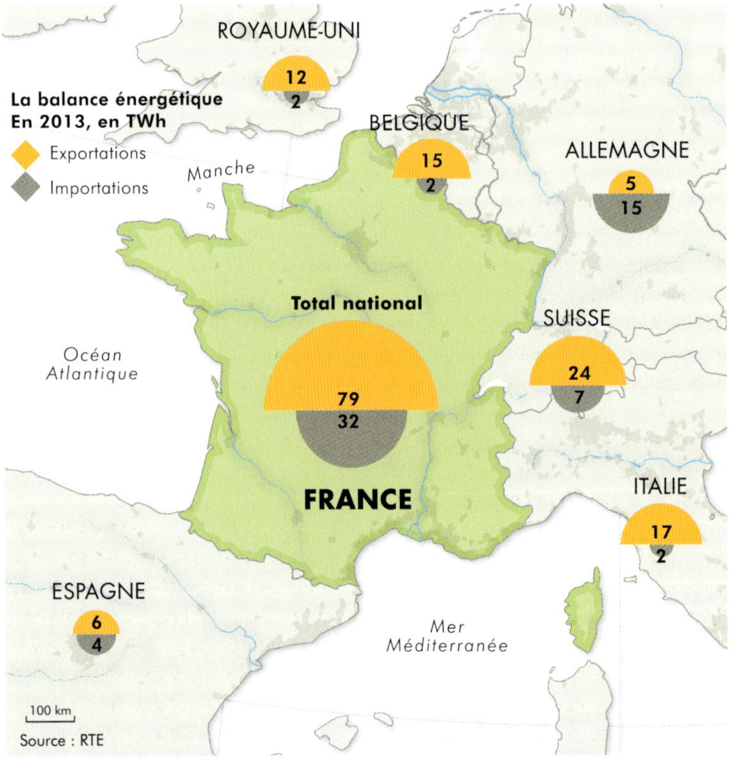

L'uranium français

Tel n'est pas le cas de la France qui importe la totalité de son uranium du Niger, du Canada et du Kazakhstan en particulier. Mais, au motif que l'uranium ne représente que 5 % du prix de l'électricité, la France fait l'impasse absolue sur sa dépendance. S'il est vrai que le nucléaire contribue à hauteur de 77 % à la production d'électricité, apportant une stabilité du marché de l'électricité et une certaine indépendance économique, l'accès à l'uranium a des implications diplomatiques difficilement quantifiables. La montée en puissance du programme nucléaire chinois par exemple, entraîne une concurrence accrue sur l'accès aux mines, notamment au Niger. En outre l'instabilité politique des zones productrices d'uranium est aussi une source de dépendance. Si le Canada et l'Australie sont des pays stables, ce n'est pas le cas du Kazakhstan ou du Niger. L'intervention de la France au Mali ne peut pas être totalement dissociée des intérêts économiques nucléaires de la France dans cette région.

Le piège de la surconsommation électrique

Pour assurer la consommation d'électricité produite par les 58 réacteurs, qui ont créé une surcapacité, la France a encouragé le chauffage électrique et la surconsommation d'électricité. Aucune politique de maîtrise de l'énergie n'a été mise en place jusqu'à la fin des années 2000. La réglementation thermique des bâtiments (c'est-à-dire le niveau de consommation thermique à atteindre) est en particulier très en retard sur celle de nos voi-

UNE PRODUCTION FRANÇAISE INSÉRÉE DANS UN CIRCUIT MONDIAL

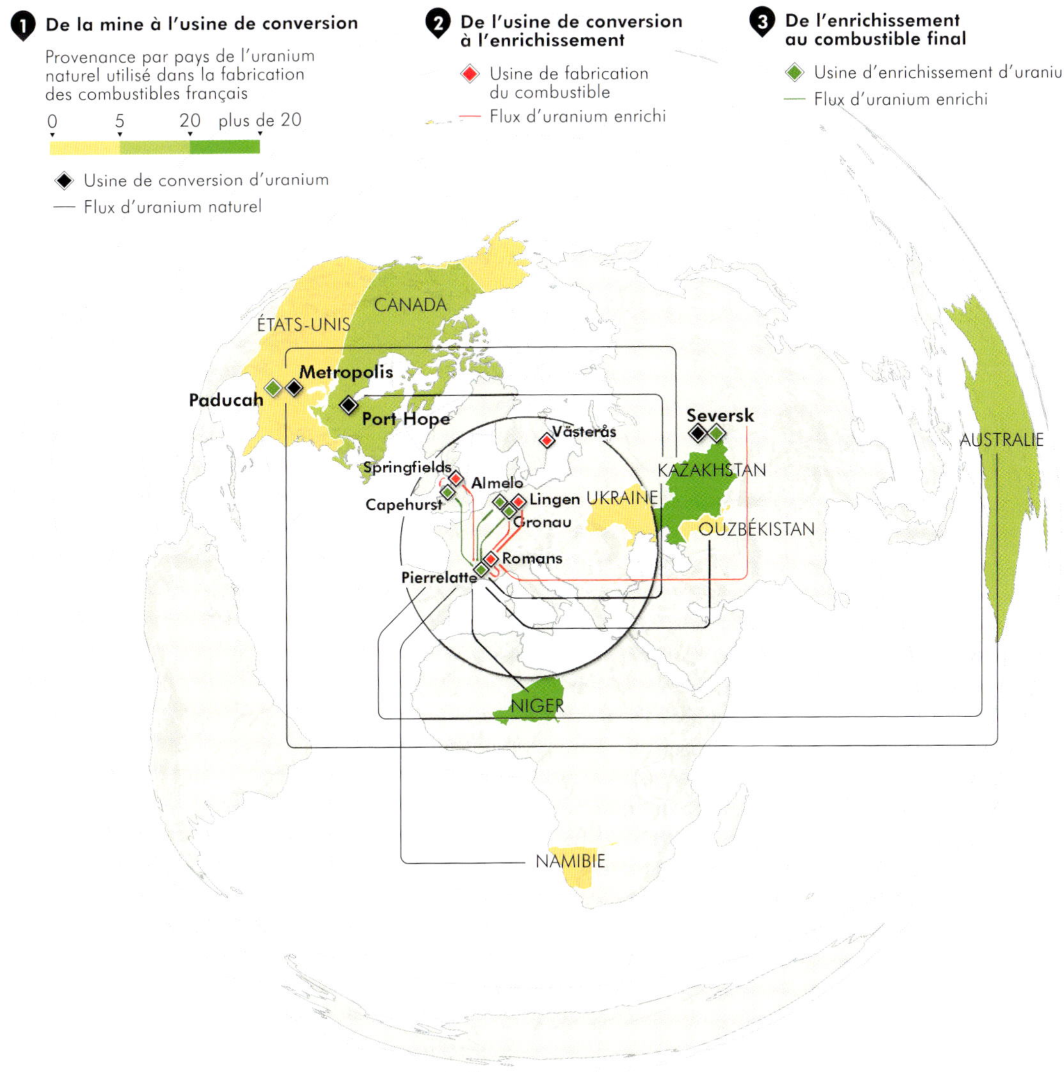

Source : Teva Meyer, Institut français de géopolitique, d'après les données de l'Andra

sins. Le corollaire est que si la France a une capacité de base performante grâce à ses réacteurs, elle se retrouve confrontée quelques jours par an à un défi majeur de sécurité d'approvisionnement lors des pics de consommation. Elle est alors obligée de faire appel à des capacités de production complémentaires, telles que le gaz et le charbon pour produire la pointe nécessaire. Mais, cela peut ne pas suffire. En effet, la France représente 50 % des pics de consommation des 28 pays européens. En conséquence, la France achète sur le marché spot de l'électricité au prix qui est le plus élevé. Cela signifie que la plupart du temps, les capacités du réseau nucléaire sont sous-exploitées et, lorsqu'elles sont pleinement exploitées en raison d'une pointe, l'achat de l'électricité complémentaire est hors de prix.

Le marché

L'ouverture du marché à la concurrence et l'interconnexion des réseaux est en train de bouleverser la donne. En effet en raison de la croissance des énergies renouvelables, de leur priorité de vente sur le marché de gros et de leur coût en très forte baisse, elles gagnent des parts de marché et la vente du kilowattheure nucléaire peut s'avérer très aléatoire. La situation est encore plus grave dans le secteur du gaz. D'où la fronde du secteur gazier depuis 2013 dans l'Union européenne, lui qui se retrouve pris en tenaille entre des énergies renouvelables de moins en moins chères et le charbon qui a vu son cours mondial baisser (suite à l'arrivée massive des gaz de schiste sur le marché américain).

En 2012, la France conservait un solde exportateur de 44 TWh, avec notamment des exportations importantes vers la Suisse, l'Italie, la Belgique ou la Grande-Bretagne. Néanmoins, la France reste importatrice avec l'Allemagne alors que celle-ci a baissé sa production nucléaire.

Le parc français post-Fukushima

Depuis toujours, le programme nucléaire français repose sur un mythe, celui de la sécurité absolue. Mais depuis la catastrophe de Fukushima, qui a rappelé à tous les risques de la technologie nucléaire, cette vision est sérieusement remise en question. Plusieurs études ont révélé des failles dans la sécurité en France, et recommandent des travaux nécessitant des milliards d'euros. Qui de la sûreté ou de la rentabilité va l'emporter? Voilà la principale question d'aujourd'hui.

L'ÂGE DU PARC NUCLÉAIRE FRANÇAIS

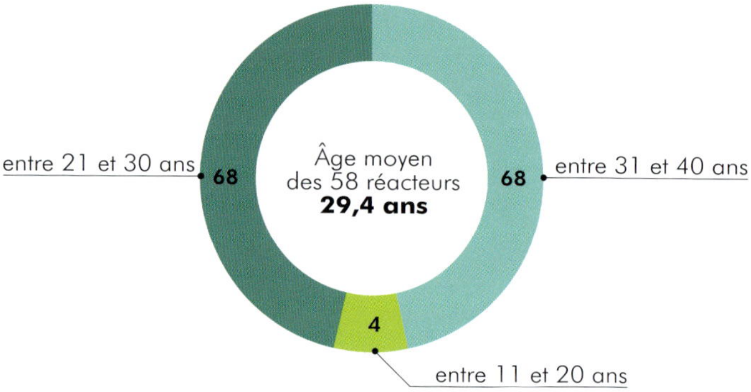

Sources : IAEA-PRIS, MSC, 2014

Les avertissements de l'ASN

Le programme nucléaire français repose sur le mythe de la sécurité absolue. Certes, la France est dotée d'une Autorité de sûreté nucléaire depuis 2007, qui met régulièrement à jour des référentiels de sécurité. Mais, outre le fait que ces référentiels sont des guides et non des contraintes obligatoires pour l'exploitant, ils sont souvent beaucoup plus souples que ceux de nos voisins, en particulier allemands. Et, durant la période où la sûreté nucléaire était confiée au du ministère de l'Industrie, l'exigence envers l'exploitant était très faible. Il aura fallu attendre Fukushima pour que le premier président de l'autorité de sûreté admette qu'un accident nucléaire en France est envisageable et que le directeur de l'IRSN admette que la probabilité d'un accident nucléaire était d'un tous les 22 ans.

Les conditions de la sécurité et de la sûreté nucléaire se sont dégradées au fil du temps. À cause du manque d'investissement et du recours croissant à la sous-traitance notamment, le parc n'a pas été convenablement entretenu. Dans un rapport en 2012, l'Autorité de sûreté nucléaire souligne les insuffisances graves nécessitant plusieurs milliards, voire dizaines de milliards, de travaux. Sans exiger de fermetures immédiates, l'ASN jugeait alors que « la poursuite de l'exploitation des centrales nécessit[ait] d'augmenter dans les meilleurs délais, au-delà des marges de sûreté dont elles disposent déjà, leur robustesse face à des situations extrêmes ». En 2013, l'ASN haussait le ton en raison de la découverte d'un risque systémique affectant toutes les centrales, et surtout de la corrosion de près de la moitié des gaines entourant le combustible, parfois jusqu'à 20 %, ce qui non seulement ne respecte pas les normes mais présente un véritable risque. D'où la menace de l'Autorité de sûreté nucléaire, en cas d'absence de solution suffisante, de réduire la capacité d'exploitation des réacteurs concernés.

Les nouvelles règles après Fukushima

La question de la sûreté nucléaire au regard du vieillissement de notre parc, des conséquences de Fukushima et de la mise en place d'un contrôle de plus en plus sérieux de la part de l'ASN et de l'IRSN devient un sujet majeur. Les réexamens auxquels procède l'ASN comprennent deux aspects: un examen de conformité par rapport à la réglementation et une réévaluation de sûreté destinée à permettre l'application des objectifs et des bonnes pratiques les plus récentes.

Plus récemment, l'ASN a remis en cause les justifications apportées par Areva pour la conception et la fabrication des nouveaux générateurs de vapeur, évoquant la mise en place de mesures d'exploitations compensatoires. Ces demandes concernent tous les nouveaux générateurs de vapeur, causant retards et surcoûts.

Plus préoccupant encore, une note de l'IRSN datée du 21 janvier 2015 souligne un risque systémique qui affecte tous les réacteurs nucléaires civils en France: aucun d'entre eux ne dispose d'une cuve suffisamment robuste en cas de fusion rapide du combustible. Ce document explique que le corium (qui est le combustible fondu en magma hyper radioactif et brûlant en cas d'accident, comme cela s'est produit à Fukushima dans trois réacteurs) n'est

OCTOBRE 2014 : LES CENTRALES SURVOLÉES PAR DES DRONES

retenu dans la cuve que si la puissance du réacteur est inférieure à 600 MW. Et plus la puissance est élevée plus le risque est grand. Or les réacteurs français font un minimum 900 MW, 20 réacteurs font 1 300 MW et 4 1 450 MW. Très clairement, aucun réacteur en fonctionnement en France aujourd'hui ne possède une cuve qui résisterait à un accident de fusion rapide. Or « la rupture de cet équipement, dont les conséquences seraient très graves, n'est en effet pas prise en compte dans les études de sûreté » soulignait un groupe d'experts auprès de l'ASN dans un rapport daté de 2007.

Enfin, les nouveaux risques liés au terrorisme n'ont jamais été pris en compte ; nos centrales ne peuvent supporter que la chute d'un CESNA, un avion de tourisme, et les nouveaux dangers liés au terrorisme, décrits dans le rapport WISE commandé par Greenpeace en février 2014, sont extrêmement préoccupants. Les survols de centrales nucléaires par des drones à la fin de l'année 2014 et au début de l'année 2015 et dont l'origine n'aurait pas été identifiée, mettent en évidence la vulnérabilité de ces sites. Il est plus que temps que la sûreté devienne un impératif supérieur à celui de la rentabilité.

Fessenheim, symbole des atermoiements français

Fessenheim, plus vieille centrale française, unique de par sa conception en contrebas d'un canal, est l'objet d'une attention toute particulière. Entre les pronucléaires qui voient dans l'arrêt de cette centrale l'ouverture d'une brèche, et les antinucléaires qui plaident pour la fermeture de la centrale compte tenu des risques majeurs, la guerre est engagée.

Un terrain miné

La construction de la centrale de Fessenheim a été décidée à la fin des années 1960.

Le choix du site était lui-même une gageure : risques sismiques majeurs à moins de 60 km (le tremblement de terre de la ville de Bâle de 1356 reste gravé dans l'histoire), population très dense à moins de 100 kilomètres de Strasbourg, à proximité de la Suisse et de l'Allemagne, le site est également au-dessus de la plus grande nappe phréatique d'Europe qui alimente en eau potable tout le pays rhénan.

Tout ceci n'a pas empêché le choix du site de Fessenheim et la construction d'une centrale à eau pressurisée (PWR), la première du genre en France, qui n'est dotée d'aucune tour de refroidissement et qui ne possède qu'une seule enceinte de confinement alors que les centrales plus récentes en ont deux. Enfin, une dalle en béton appelée radier, extrêmement fine, puisqu'elle ne fait qu'1,5 mètre d'épaisseur contre 3 ou 4 mètres pour les autres centrales en France et 8 mètres à Fukushima. Mise en service en 1977, la centrale de Fessenheim aurait dû être arrêtée en 2007.

En 2006, une centaine de collectivités locales représentant près d'un million d'habitants le demandait, mais l'Autorité de sûreté ucléaire a au contraire décidé de prolonger de 10 ans la durée de vie de la centrale, le deuxième réacteur étant autorisé jusqu'en 2022.

Cette centrale est devenue le symbole de la dangerosité du nucléaire en France, tant dans notre pays que chez nos voisins. Lors de la campagne électorale, François Hollande s'est engagé à fermer Fessenheim, puis, devenu président de la République, a fixé avant la fin de l'année 2016 la fermeture de cette centrale.

Pourquoi Fessenheim devrait fermer

Les normes françaises étant assez laxistes, cette centrale serait fermée depuis longtemps si elle était située en Allemagne.

LE SITE DE FESSENHEIM

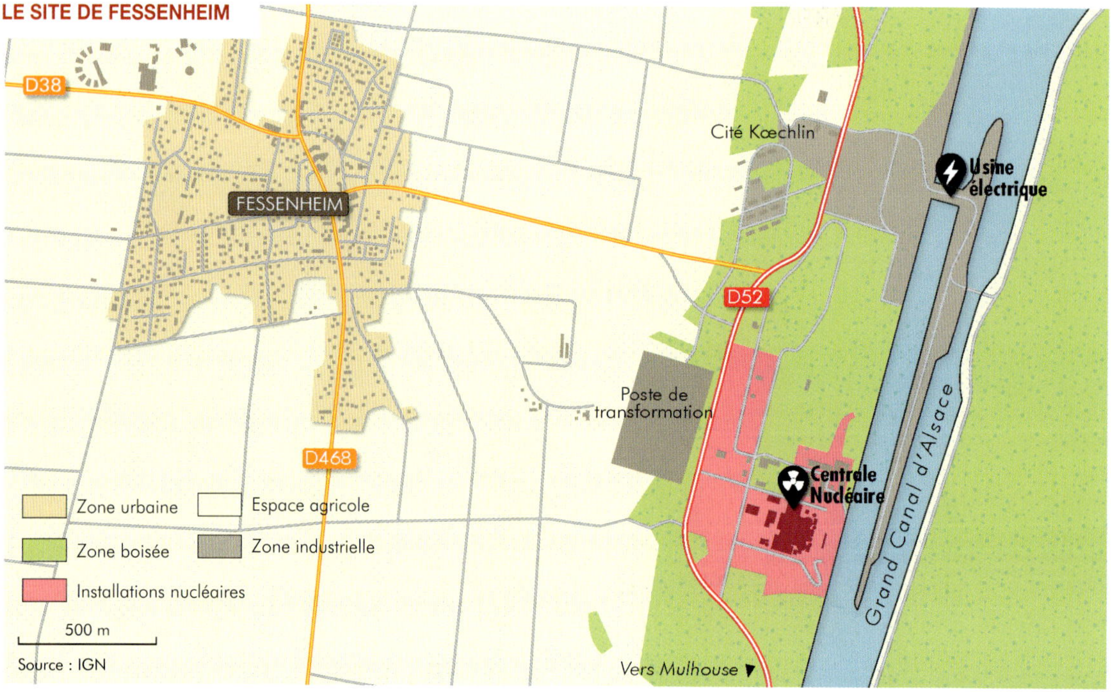

Les risques sismiques sont par exemple sous-évalués. En effet, lorsque la centrale a été construite en 1970, le tremblement de terre de Bâle de 1356 avait été évalué à 6,2 sur l'échelle de Richter. À l'époque, un coefficient de sécurité de 0,5 étant ajouté comme marge de sécurité, la centrale a été construite pour résister à un tremblement de terre de 6,7. Or, des historiens ont aujourd'hui réévalué la puissance du tremblement de terre de Bâle à 7 : la centrale ne résisterait pas à un nouveau tremblement de terre de même envergure.

Deuxièmement, la centrale a été construite 9 mètres au-dessous du canal du Rhin. Le cumul de risques liés à un tremblement de terre et à une rupture de digues entraînant une inondation doit être évalué et pris en compte. Or, le scénario d'un cumul de risques n'a évidemment jamais été envisagé, ni lors de la construction de la centrale, ni *a posteriori*.

En troisième lieu, cette centrale nucléaire est la seule en France qui ne bénéficie à ce jour d'aucune autorisation de rejets chimiques. Elle fonctionne sur la base d'arrêtés minimalistes datant de 1977, autorisant des rejets radioactifs liquides et gazeux mais aucun rejet chimique. Cette anomalie majeure a conduit à élaborer un nouveau dossier de demande d'autorisation rendue publique sur Internet en décembre 2014 en parfaite contradiction avec une décision de fermer la centrale nucléaire en 2016. Comment comprendre que, dans le même temps, on veuille fermer une centrale et qu'on la soumette à une nouvelle autorisation ?

Enfin, depuis le début des années 2000, l'IRSN exige d'EDF que le très fin radier de Fessenheim soit renforcé. Après avoir tergiversé, EDF a fini par réaliser des travaux sur une très petite superficie, le radier ralentissant de 12 heures l'atteinte de la nappe par rapport à la situation antérieure.

En somme, l'affaire de Fessenheim est devenue un marqueur du poids du lobby nucléaire en France.

FESSENHEIM : UN CONTEXTE GÉOSISMIQUE COMPLIQUÉ

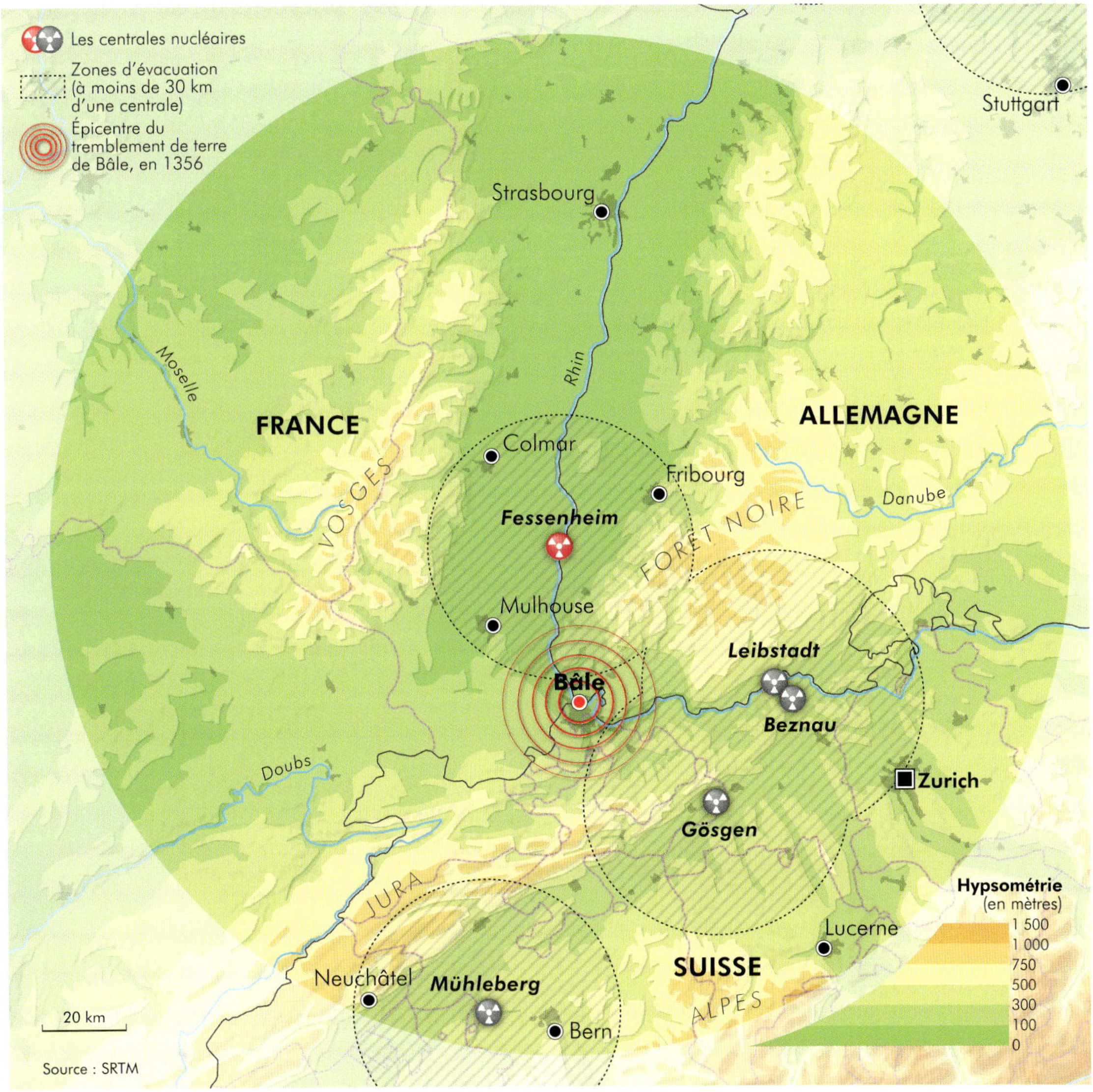

L'EPR en question

Conçu après la catastrophe de Tchernobyl, l'EPR était un projet franco-allemand devenu essentiellement français qui devait répondre aux problématiques de sécurité et à une meilleure compétitivité. Ce réacteur de troisième génération a pour objectif de limiter les risques d'accident, notamment de fusion du cœur du réacteur. La principale distinction par rapport à une centrale classique est une enceinte de confinement composé de deux parois de béton, la réalisation d'un cendrier sous le réacteur destiné à recueillir le corium en cas de fusion du cœur et d'après EDF un renforcement des normes de sécurité.

Un coût exorbitant

L'EPR (European Pressurised Reactor) est un réacteur nucléaire dit de la 3e génération, imaginé dans les années 1990.

Ce réacteur, dont l'inspirateur est la société Areva, a fait l'objet d'un premier contrat avec la Finlande pour la construction d'un ouvrage démarré en 2005. Ce réacteur, Olkiluoto, devait être mis en service en 2009 mais cette date est repoussée à 2018 voire 2020, c'est-à-dire 15 ans après sa mise en chantier et avec 11 ans de retard. La situation est si catastrophique que le quotidien économique finlandais *Kauppalehti* affirmait en février 2014 que la société Areva aurait mis un terme aux contrats de travail d'une cinquantaine de personnes. Parallèlement et évidemment, le coût de l'EPR a augmenté dans des proportions considérables puisque le prix pourrait être plus de deux fois voire trois fois supérieur au chiffre initial de 3,2 milliards d'euros. Areva a déjà passé 13 provisions, la dernière en date, début 2014, se montant à 425 millions d'euros. Le montant des provisions s'élève aujourd'hui à 4 milliards d'euros.

Dans le même temps, l'EPR de Flamanville, réalisé par EDF, est exactement dans la même situation. L'ouvrage devait initialement coûter 3,5 milliards d'euros, il approche aujourd'hui les 10 milliards ; il devait être mis en service en 2011 ; il n'est pas certain qu'il puisse l'être en 2017. Enfin, deux autres EPR ont été commandés en Grande-Bretagne pour un coût estimé à 10 milliards l'unité. Il faut également citer deux EPR en construction en Chine, avec un partenariat minoritaire d'EDF ; ces deux centrales accuseraient également un retard d'environ deux ans.

La sécurité en question

Dès lors, l'EPR est non seulement extrêmement cher, avec un prix de revient du KW/h de l'ordre de 11 centimes, mais de surcroît rien n'indique qu'à ce jour il pourra effectivement être mis en service, car la question du coût n'est pas la seule posée. La sécurité de l'EPR est mise en cause depuis plusieurs années. En 2009, l'ASN avait indiqué à EDF que la sûreté d'un équipement de l'EPR de Flamanville n'était pas démontrée, et avait demandé d'apporter des justificatifs. Ces éléments n'ont pas été jugés convaincants et, en 2010, ce fut au tour de l'Autorité de sûreté nucléaire américaine de mettre en cause la conception de l'EPR : la trop grande complexité du système, et le manque de certains dispositifs de sécurité sont alors critiqués. Dans un document interne d'EDF, rendu public et non démenti, l'opérateur mettait l'accent sur le risque lié en particulier à certains modes de pilotage du réacteur EPR, risquant d'aboutir à l'explosion pure et simple. D'autres vulnérabilités sont pointées du doigt concernant l'acier inoxydable utilisé à certains endroits, ce que le document EDF reconnaît expressément. Pour des raisons financières évidentes, Areva résiste et persévère pour ne pas avoir à changer ses choix technologiques, mais, en définitive, la sécurité sera-t-elle au rendez-vous ?

L'EPR verra-t-il le jour à Flamanville ?

Quoi qu'il en soit, depuis lors, l'ASN est intervenue à plusieurs reprises pour interrompre le chantier de Flamanville ; la société Bouygues a été soupçonnée d'avoir employé des travailleurs illégaux et de n'avoir pas respecté les normes de sécurité sur le site. Cent salariés roumains et polonais seraient concernés, et une dette à l'URSAFF de 10 millions d'euros est évoquée. Même si le dôme a finalement été posé en 2014, tout ceci rend très aléatoire la mise en service de l'EPR de Flamanville avant l'expiration du délai de 10 ans prévu, soit début 2017. De plus, le coût astronomique de l'EPR le rend totalement dissuasif et non compétitif, notamment par rapport aux énergies renouvelables dont les coûts ne cessent de baisser.

LES RÉACTEURS DE TROISIÈME GÉNÉRATION DANS LE MONDE

Les réacteurs de troisième génération en construction

- Réacteur de type EPR
- Réacteur de type AP 1000

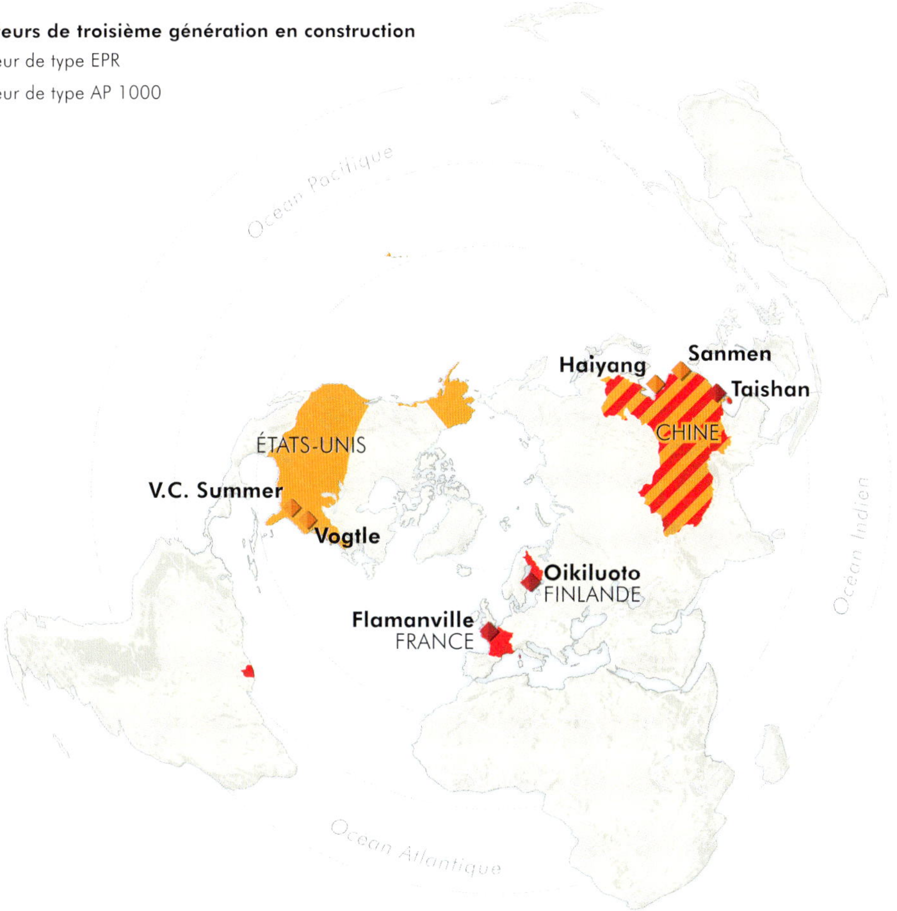

Évolution du coût estimé de l'EPR de Flamanville
en milliards d'euros

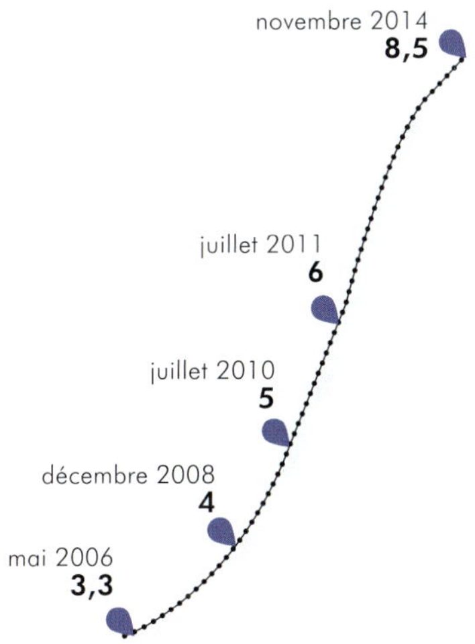

Les installations nucléaires de Flamanville

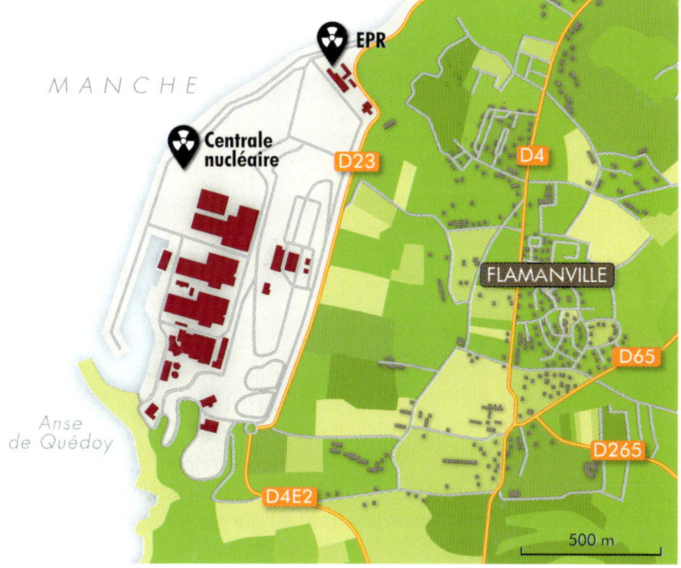

Sources : EDF ; Areva ; Cour des Comptes ; IGN

Le défi du stockage des déchets : le projet Cigeo

L'industrie nucléaire s'est développée sans qu'aucune solution n'ait été trouvée à la question des déchets. Après 50 ans de fonctionnement, elle se trouve dans une impasse. La loi de 1991 avait envisagé trois solutions de stockage ; en définitive une seule a été étudiée et financée, celle du stockage en grande profondeur. C'est donc le choix du projet Cigeo à Bures qui a été retenu, sans prendre en compte tous les risques et dans un déni de démocratie propre à ce secteur.

Un aveuglement répété

Que les déchets radioactifs soient retraités ou non, ils doivent être stockés, la solution de rejet à la mer utilisée jusque dans les années 1980 s'étant révélée extrêmement dangereuse et devenue inacceptable.

Des années 1969 jusqu'en 1994, le stockage des déchets s'est en effet effectué à La Hague, dans le centre de la Manche. Un rapport commandé par le ministère de l'Environnement en 1996 démontrait les mauvaises conditions de stockage, et l'Autorité de sûreté nucléaire l'a souligné depuis à de très nombreuses reprises. En outre, alors que le centre de la Manche était saturé, le site de Soulaines, dans l'Aube, a été ouvert en 1986 pour accueillir les déchets faiblement radioactifs.

LE PROJET CIGEO

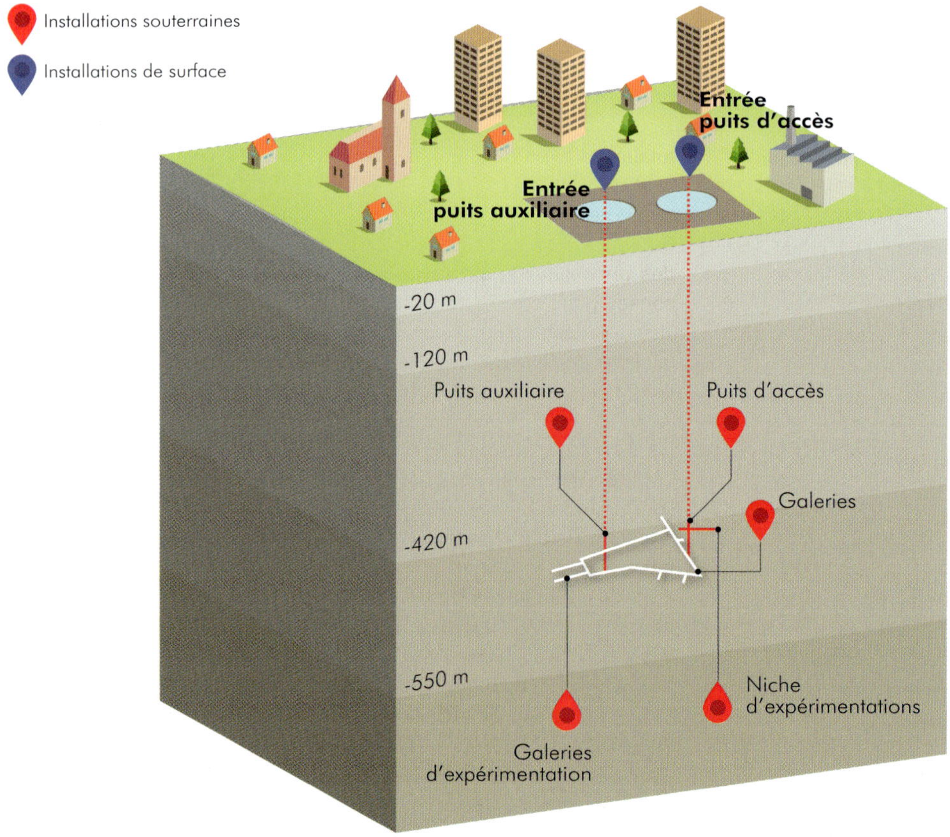

Source : Andra

LES SITES DE STOCKAGE ET D'ENFOUISSEMENT EN FRANCE

Mais, reste bien entendu la question des déchets hautement radioactifs et à vie longue. La loi Bataille de décembre 1991, première loi intervenue dans le domaine nucléaire en France, prévoyait trois types de solutions. Le surgénérateur de Creys-Malville devait être transformé en incinérateur à déchets, mais le site a fermé en 1997. On a ensuite envisagé le stockage en subsurface, c'est-à-dire à très faible profondeur, exigeant une surveillance permanente mais offrant la possibilité d'une solution technique adéquate dans l'avenir. Cette solution, qui n'a jamais été souhaitée par l'industrie nucléaire n'a, en réalité, jamais été investiguée. Vient enfin une troisième voie, celle du stockage souterrain, c'est-à-dire l'enfouissement des déchets à une très grande profondeur. Cette solution d'après la loi Bataille, devait donner lieu à la réalisation de trois laboratoires sur différents types de sols, notamment granitique et argileux sans que les questions totalement nouvelles et extrêmement délicates liées à la sécurité sur le long terme ne soient résolues. Le site de Bures est finalement choisi au début des années 1990 après l'accord du conseil général de la Meuse dont le vice-président était Gérard Longuet, ministre de l'Industrie à l'époque et ardent défenseur du nucléaire.

Le très inquiétant projet Cigeo

Le laboratoire est donc construit, l'étape suivante étant la réalisation grandeur nature du site d'enfouissement définitif qui doit recueillir un minimum de 80 000 m³ de déchets à haute et moyenne activité et à vie longue. Il n'existe aucune autre expérience de telle échelle : ces déchets seront confinés pendant 100 000 ans, dans 15 km² de galeries et d'alvéoles. Ce projet très contesté est toujours à l'ordre du jour. Se pose tout d'abord la question éthique majeure de la réversibilité : la capacité de récupérer les déchets dans l'hypothèse où une solution meilleure pourrait être trouvée. Cette réversibilité n'est nullement établie dans le projet Cigeo. La seconde question est celle du confinement : comment être sûrs que, sur une telle échelle de temps, l'eau ne pourra pas s'infiltrer, voire emporter les déchets ? Les débats autour de la qualité géologique des sols restent très vifs, et les précédents ne plaident en aucune manière la pérennité. On a ainsi retrouvé les containers immergés dans la Manche, soit-disant totalement étanches *ad infinitum*, éventrés après seulement dix ans. Citons en second lieu le précédent de Asse en Allemagne, mine de sel, qui, après avoir été un centre de recherches sur les déchets faiblement et moyennement radioactifs, est devenu un centre de stockage de déchets radioactifs. Asse était considéré comme un des lieux les plus sûrs du monde en termes d'étanchéité. Pourtant, 32 000 points d'infiltration auraient été repérés, et ce serait aujourd'hui 12 000 litres qui ruisselleraient en moyenne par jour. La solution serait d'extraire les déchets et de mettre en sécurité le site après sa fermeture : un coût de 2,5 milliards d'euros et un immense défi technique, puisqu'on parle de 125 000 fûts contenant 28 kg de plutonium, de l'arsenic, du plomb et des pesticides.

L'aveu de l'ASN

Cette réalité est aujourd'hui admise par l'ASN. Un rapport du 22 mai 2013 rend un avis assorti de réserves sur la qualité appropriée du sol de Bures. L'ASN souligne également la nécessité de prendre en compte le tonnage des déchets à stocker, d'où le caractère très aléatoire d'un projet dont le coût n'est toujours pas défini. Tant qu'il s'est agi de présenter le projet Cigeo sous l'angle le plus favorable, afin de le faire admettre par les collectivités locales et les populations, son coût était évalué à 15 milliards d'euros. Mais depuis qu'il s'agit de le réaliser c'est une autre affaire. La Cour des comptes avait évalué en 2013 ce projet à 35 milliards pour revenir en 2014 à 28 milliards.

La polémique du coût du nucléaire

Le nucléaire est présenté comme une énergie très bon marché ; en réalité, le coût de construction du parc nucléaire s'est élevé à 121 milliards d'euros valeur 2010 et, le coût de production du mégawatt heure des réacteurs de la troisième génération (EPR) est de l'ordre de 110 €. Dans ces conditions, le nucléaire n'est rentable que s'il est subventionné, et il est beaucoup plus onéreux que l'éolien et même le solaire photovoltaïque. La question de la rentabilité de la filière nucléaire est donc très clairement posée.

Le coût du mégawatt-heure nucléaire

Pour évaluer ce coût, la Cour des comptes utilise trois méthodes de calcul estimant ainsi avoir une évaluation plus fiable. Dans son rapport de 2012, le coût du mégawatt-heure varie ainsi de 33,1 à 49,5 euros. Mais, dès lors qu'on intègre les 55 milliards d'euros pour le « carénage » des centrales (coût évalué à l'époque par EDF), ce coût passe de 38,2 à 54,2 euros. Bien évidemment, le taux d'actualisation est très important ; en particulier pour évaluer le coût du démantèlement et les dépenses de fin de cycle. Deux ans plus tard en 2014, la Cour constate qu'entre 2010 et 2013 le coût de production de l'électricité nucléaire est passé de 49,6 euros à 59,8 euros par mégawatt, soit une augmentation de 21 % en trois ans. La Cour des comptes l'évalue désormais à 62 euros par mégawatt-heure sur la période 2011/2025.

Cette croissance constante s'explique par l'augmentation de 20 % des dépenses d'exploitation, et la multiplication par 3 des investissements depuis 2008 : 8 milliards sont prévus pour appliquer les prescriptions de l'ASN suite aux évaluations complémentaires de sûreté post-Fukushima, et d'autres dépenses pour améliorer la sûreté et prolonger l'exploitation des réacteurs au-delà de 40 ans. Enfin, 1 milliard correspond à la maintenance courante, la rénovation ou le remplacement de composants.

Le coût de l'électricité nucléaire reste donc très incertain en raison des dépenses futures et de la non-intégration des coûts externes.

Les investissements pour la prolongation de la durée de vie des centrales

La Cour des Comptes souligne que le total des investissements sur la période 2011/2033 atteindrait environ 110 milliards d'euros courants si la durée de fonctionnement des 58 réacteurs est prolongée uniformément. Mais cette somme, qui est déjà le double de celle initialement envisagée, est discutable. En effet, le rapport Greenpeace de juin 2014 élaboré par l'Agence WISE de Paris repose sur trois scénarios de sécurité amoindrie, préservée ou renforcée. L'agence évalue ainsi les

ÉVOLUTION DU COÛT DE MAINTENANCE EN FRANCE

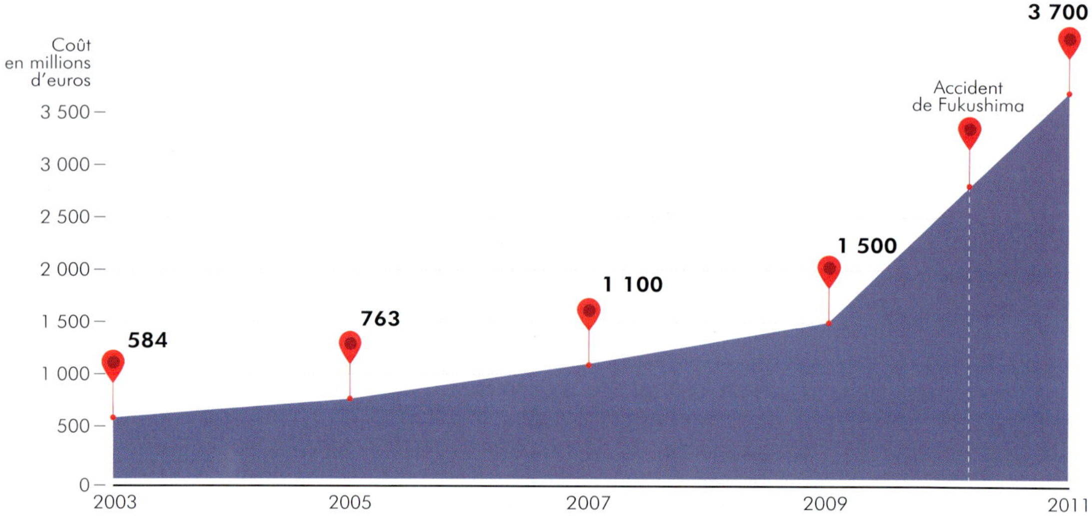

Source : Cour des comptes

LES COÛTS DES DIFFÉRENTES FILIÈRES DE PRODUCTION D'ÉLECTRICITÉ

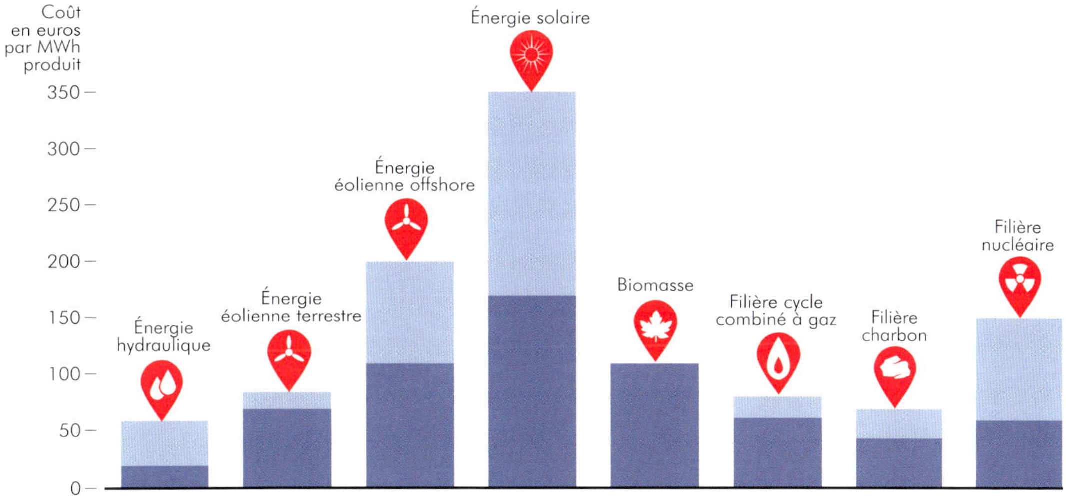

Source : Cour des comptes

investissements des coûts par kWh du carénage entre 1 300 € le kWh et 3 900 € le kWh, ce qui correspond à la fourchette de 1,4 à 4,4 milliards par réacteur (soit entre 81.2 et 255 milliards pour les 58 réacteurs) selon les scénarios de sûreté préservée ou renforcée. Si on envisage un scénario renforcé, la fourchette est comprise entre 2 300 € par kWh et 5 700 € par kWh. Le coût médian du mégawatt-heure est alors de 133 €. Mais, il ne s'agit là que de la rénovation des anciennes centrales.

LES CHARGES FUTURES ET INCERTAINES DE LA FILIÈRE

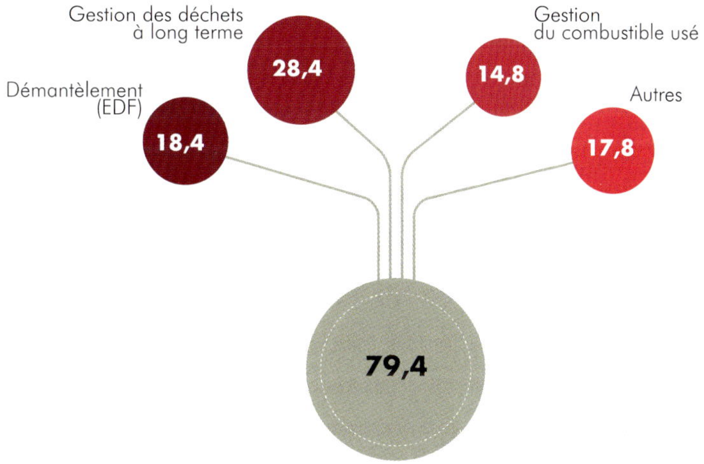

Source : Cour des comptes

Les dépenses futures de l'aval du cycle

Dans son rapport de 2012, la Cour des comptes souligne le caractère incertain des charges futures, qu'il s'agisse des dépenses de démantèlement estimées à l'époque à 18,4 milliards d'euros, ou du coût de gestion à long terme des déchets radioactifs passés de 16 milliards en 2005 à 36 milliards en 2009 et enfin réévalués à 28 milliards en 2014 avec une grande incertitude notée par la Cour. Enfin, la Cour souligne que les effets externes doivent être pris en compte, de manière positive pour les économies de CO_2 ou négative en ce qui concerne l'absence d'assurance (fournie aujourd'hui par l'État).

Le coût du nouveau nucléaire

Le coût de l'EPR n'a quant à lui cessé d'augmenter. Le prix de vente de l'électricité selon l'accord passé en octobre 2013 entre EDF et le gouvernement britannique fixe un prix de vente à 114 euros le mégawatt/heure.

Cette hausse du coût du nucléaire n'est pas limitée à la France. Un rapport de 2014 (*World Nuclear Industry Report*, p. 8) de l'industrie nucléaire mondiale souligne que le coût d'investissement est passé au cours de la dernière décennie de 1 000 dollars à 8 000 dollars par coût du kilowatt/heure installé. À l'inverse de la France, certains États décident de fermer des réacteurs en raison de coûts trop élevés. Ainsi, en Suède, aux États-Unis, 5 réacteurs ont été arrêtés alors que les licences allaient jusqu'en 2030, en Allemagne l'opérateur EON a décidé de fermer un réacteur 7 mois plus tôt que prévu parce que les coûts n'étaient plus couverts.

Ces décisions expliquent sans doute la baisse constante de la part du nucléaire qui représentait en 2012 moins de 4,5 % de l'énergie primaire, soit à peu près le niveau de 1984.

CONCLUSION

Quel scénario pour 2050 ?

La question est évidemment cruciale et c'est aujourd'hui que se dessine le scénario du milieu du XXIe siècle. Deux éléments en dépendent : la maîtrise de la consommation énergétique et la redéfinition du bouquet énergétique français. Ces points s'inscrivent dans le cadre de la politique de l'Union européenne avec, notamment, la feuille de route 2050 visant à réduire de 80 % nos émissions de gaz à effet de serre. Plusieurs scénarios ont été proposés lors du débat national sur la transition énergétique ; certains comme celui de l'association Négatep imaginent un mix énergétique dans lequel 80 % de l'électricité est d'origine nucléaire, la production d'électricité augmenterait alors de 50 % et les émissions de gaz à effet de serre seraient alors seulement divisées par quatre. D'autres scénarios beaucoup plus ambitieux, comme celui de Négawatt, propose d'atteindre les objectifs communautaires sans nucléaire et avec une réduction modeste de la consommation globale.

L'ADEME, pour sa part, avait proposé trois scénarios permettant d'atteindre le facteur quatre (division par quatre des émissions de gaz à effet de serre) ; le premier maintient la part du nucléaire à 50 % en 2050 comme en 2030, le second la porte à 25 % et le troisième à 18 %, ce qui correspond à une exploitation maximale des potentiels en énergies renouvelables. Malheureusement, aucun débat n'a porté sur le choix du scénario au-delà de 2025 pour lequel le principe d'une réduction à 50 % de la part du nucléaire a été posé, sans que soient précisées les conditions pour y parvenir et avec une opposition constante de la minorité parlementaire.

Cela pose, bien entendu, la question de la pérennité de ce choix dans l'hypothèse d'un changement de majorité. La vérité est qu'il n'existe en France aujourd'hui, malheureusement, aucun scénario adopté en vue de 2050. L'industrie nucléaire espère très probablement pouvoir imposer le scénario proposé par Négatep. Mais un tel objectif ne peut être affirmé, pour des raisons politiques – car si les Français sont majoritairement favorables au maintien actuel du nucléaire, ils ne le sont probablement pas pour un nouveau départ pour 60 ans de nucléaire – et pour des raisons économico-financières – car personne ne sait aujourd'hui comment financer la mise en sécurité des sites nucléaires existants, la prolongation de leur durée de vie en même temps les investissements massifs que nécessiterait la relance de programme nucléaire. Sans doute l'avenir radieux est-il promis avec les réacteurs de la quatrième génération issus d'Astrid et à plus long terme avec ITER. Sauf que Astrid n'est jamais que la réplique de Creys-Malville qui n'a jamais fonctionné comme surgénérateur et même si l'expérience ITER était réussie, cela ne permettrait de passer à un stade de production industrielle qu'au début du XXIIe siècle, c'est-à-dire beaucoup trop tard au regard du problème du changement climatique.

En définitive, la France est le seul pays au monde à s'arcbouter sur le nucléaire. Si quelques réacteurs sont prévus en Chine, en Inde, en Turquie ou en Arabie saoudite, l'essentiel de la croissance énergétique se fait aujourd'hui sur le renouvelable et en particulier sur le solaire. Le choix français, qui n'est pas assumé, qui n'est pas explicité, qui ne fait l'objet d'aucune étude stratégique d'ensemble se traduit en revanche par des choix d'investissement dans la filière nucléaire, des règles draconiennes pour le développement des énergies renouvelables et par un manque d'ambition dans le domaine de l'efficacité énergétique, même si la loi sur la transition énergétique apporte quelques innovations notables. Dès lors, 2050 apparaît comme totalement aléatoire puisqu'en réalité la France ne dispose pas de stratégie et qu'aucun débat national ne l'a préparé.

Le scénario de 2030 paraît écrit : le maintien d'un mix très majoritairement nucléaire, une industrie du renouvelable très modeste et des résultats en termes d'efficacité énergétique médiocres. Le pendant est très certainement une insécurité nucléaire croissante, en raison d'investissements insuffisants et un risque de devoir importer de l'électricité en raison d'interventions croissantes de l'Autorité de sûreté nucléaire et l'absence de solution de remplacement. Il est évident que compte tenu de l'orientation européenne qui semble se faire sans le nucléaire – voir la communication Union européenne de l'Énergie – et de la croissance exponentielle du renouvelable de moins en moins cher, la France devra abandonner la voie nucléaire pour des raisons financières. La question est de savoir quand ?

Annexes

Les définitions

DTS : *Droit de tirage spécial*, est un actif de réserve international, créé en 1969 par le FMI pour compléter les réserves de change officielles de ses pays membres. En 2009, cela représentait environ 204 milliards d'euros. Les allocations de DTS ont par exemple été déterminantes pour approvisionner le système économique mondial en liquidités et pour compléter les réserves officielles des pays membres sur fond de crise financière mondiale.

Énergie finale : L'énergie finale ou disponible est l'ensemble des énergies livrées au consommateur pour sa consommation finale (essence à la pompe, électricité au foyer...).

Énergie primaire : Énergie nécessaire pour fournir l'énergie finale que nous consommons, elle correspond aux matières fournies par la nature : charbon, pétrole, gaz naturel, bois...

Étant donné les pertes d'énergie à chaque étape de transformation, stockage et transport, la quantité d'énergie primaire est toujours supérieure à l'énergie finale disponible.

Kilowattheure (kWh) : Unité d'énergie ou de travail (symbole kWh) équivalant au travail exécuté pendant une heure par une machine dont la puissance est de 1 kilowatt.

TEP : *Tonne d'équivalent pétrole* représente la quantité d'énergie contenue dans une tonne de pétrole brut, soit 41,868 gigajoules. Cette unité est utilisée pour exprimer dans une unité commune la valeur énergétique des diverses sources d'énergie. Selon les conventions internationales, une tonne d'équivalent pétrole équivaut par exemple à 954 kg d'essence moteur.

UTS : *Unité de travail de séparation*, représente le travail nécessaire à l'enrichissement isotopique d'un mélange. Elle sert à évaluer la capacité de production d'une usine d'enrichissement, et le coût de la séparation d'un kilogramme d'uranium en deux lots de teneur isotopique différente, dans le cadre d'un processus d'enrichissement de l'uranium.

Watt : Unité légale de puissance (symbole W), équivalant au transfert uniforme d'une énergie de 1 joule par seconde.

Les sigles

AEN : Agence pour l'énergie nucléaire de l'OCDE.

AGR : Réacteur avancé au gaz.

AIE : Agence internationale de l'énergie.

AIEA : Agence internationale de l'énergie atomique.

ANCCLI : Association nationale des comités et commissions locales d'information.

ANDRA : Agence nationale pour la gestion des déchets radioactifs.

AP-1000 : Réacteur de génération III développé par Westinghouse (États-Unis).

APR : Advanced Power Reactor.

APWR : Advanced Pressurized Water Reactor.

ARMZ : Atomredmetzoloto.

ASN : Autorité de sûreté nucléaire (France).

ASTRID : Assessment of Source Term for Emergency Response Based on Installation Data.

Becquerel (Bq) : Unité de mesure pour la radioactivité. Méga (MBq) pour 1 million de Bq ; Giga (GBq) pour 1 milliard de Bq ; Téra (TBq) pour mille milliards de Bq.

CANDU : Réacteur nucléaire à l'uranium naturel à eau lourde conçu au Canada.

CEA : Commissariat à l'énergie atomique (France).

CGNPC : China General Nuclear Power Corporation.

CIGEO : Centre industriel de stockage géologique.

CIPR : Commission internationale de protection radiologique.

CNNC : China National Nuclear Corporation.

DTS : Droit de tirage spécial.

EPR : European Pressurized Water Reactor.

EURATOM : Communauté européenne de l'énergie atomique.

GCR : Gaz Cooled Reactor.

GTMHR : Gas Turbine Modular Helium Reactor.

INES : International Nuclear Event Scale (échelle internationale de classement des événements nucléaires).

IRSN : Institut de radioprotection et de sûreté nucléaire.

ITER : International Thermonuclear Experimental Reactor.

MOX : Combustible à oxydes mixtes d'uranium et de plutonium.

NISA : Nuclear and Industrial Safety Agency (Japon).

NRC : Nuclear Regulatory Commission (États-Unis).

OCDE : Organisation de coopération et de développement économiques.

OMS : Organisation mondiale de la santé.

ONU : Organisation des Nations unies.

PBMR : Pebble Bed Modular Reactor.

PHWR : Réacteur à eau lourde pressurisée.

PLD : Parti libéral-démocrate (Japon).

RBMK : Reactor Bolshoi Moschmosti Kanalynyl.

REB : Réacteur à eau bouillante.

REP : Réacteur à eau sous pression.

ROSATOM : Agence fédérale de l'énergie atomique de Russie.

Sievert (Sv) : Unité légale d'équivalent de dose.

TEP : tonne d'équivalent pétrole (tep).

TEPCO : Tokyo Electric Power Company, Incorporated.

TNP : Traité de non-prolifération.

UNSCEAR : United Nations Scientific Committee on the Effects of Atomic Radiation.

USEC : United States Enrichment Corporation.

UTS : Unité de travail de séparation, représente le travail nécessaire à l'enrichissement isotopique d'un mélange.

VVER : Vodo Vodiannoï Energititschesky Reactor.

WISE : World Information Service on Energy.

WWER : Water Water Energetic Reactor.

Les grands textes de référence sur le nucléaire

Atomic Energy Act – États-Unis, 1946

http://www.legisworks.org/congress/79/publaw-585.pdf

L'Atomic Energy Act est une loi votée aux États-Unis en 1946, au lendemain de la Seconde Guerre mondiale et de l'utilisation de la première bombe atomique par les Américains. Il y est spécifié que le nucléaire est placé sous contrôle civil plutôt que militaire, et la Commission de l'énergie atomique des États-Unis est créée dans ce but. Cette loi a été amendée plusieurs fois, notamment en 1954 puis en 1958 pour faciliter les échanges d'informations avec les plus proches alliés.

L'Appel de Stockholm, 19 mars 1950

« Nous exigeons l'interdiction absolue de l'arme atomique, arme d'épouvante et d'extermination massive des populations.

Nous exigeons l'établissement d'un rigoureux contrôle international pour assurer l'application de cette mesure d'interdiction.

Nous considérons que le gouvernement qui, le premier, utiliserait, contre n'importe quel pays, l'arme atomique, commettrait un crime contre l'humanité et serait à traiter comme criminel de guerre.

Nous appelons tous les hommes de bonne volonté dans le monde à signer cet appel. »

— STOCKHOLM, 19 MARS 1950

Dans un contexte de Guerre froide et à l'instigation du Mouvement mondial des partisans de la paix (MMPP), présidé par le physicien français Frédéric Joliot-Curie, la pétition demandant l'interdiction de l'arme nucléaire, connue sous le nom d'Appel de Stockholm, recueille des dizaines de millions de signatures, dont de nombreux intellectuels.

Discours « Atoms for Peace » du Président des États-Unis d'Amérique Dwight D. Eisenhower à l'Assemblée Générale des Nations unies à New York le 8 décembre 1953

http://www.eisenhower.archives.gov/research/online_documents/atoms_for_peace.html

Traité instituant la Communauté européenne de l'énergie atomique – Signé à Rome le 25 mars 1957, version 26 octobre 2012

http://eur-lex.europa.eu/legal-content/EN/TXT/?uri=OJ:C:2012:327:TOC

Statuts de l'Agence de l'énergie nucléaire, 13 juillet 1995

http://www.oecd-nea.org/nea/statute.html

Price-Anderson Nuclear Industries Indemnity Act – 1957, États-Unis

http://www.gpo.gov/fdsys/pkg/STATUTE-71/pdf/STATUTE-71-Pg576.pdf

Statuts de l'Agence international de l'énergie atomique, 1957

https://www.iaea.org/about/statute

La Convention sur la responsabilité civile dans le domaine de l'énergie nucléaire (Convention de Paris) du 29 juillet 1960 amendée le 28 janvier 1964, le 16 novembre 1982 et le 12 février 2004

http://www.delegfrance-onu-vienne.org/conventions-sur-la-responsabilite-civile

La Convention de Vienne sur la responsabilité civile en cas d'accident nucléaire, 21 mai 1963

http://www.delegfrance-onu-vienne.org/conventions-sur-la-responsabilite-civile

Convention sur l'assistance internationale en cas d'accident nucléaire et d'urgence radiologique, Vienne, 26 septembre 1986

http://www.admin.ch/opc/fr/classified-compilation/19860269/201306190000/0.732.321.2.pdf

Traité sur la non-prolifération des armes nucléaires, signé le 1er juillet 1968 et entré en vigueur le 5 mars 1970

http://www.un.org/fr/disarmament/instruments/npt.shtml

Convention franco-luxembourgeoise, signée à Paris le 12 mars 1986, relative à la réalisation et à l'exploitation de certaines implantations industrielles sur la Moselle, définit les normes d'exploitation de la centrale nucléaire de Cattenom

http://faolex.fao.org/docs/pdf/bi-17701.pdf

Directive 2009/71/EURATOM du Conseil de l'Union européenne, faite le 25 juin 2009 à Luxembourg, établissant un cadre communautaire pour la sûreté nucléaire des installations nucléaires

http://eur-lex.europa.eu/LexUriServ/LexUriServ.do?uri=OJ:L:2009:172:0018:0022:FR:PDF

Directive 2011/70/EURATOM du Conseil de l'Union européenne, faite le 19 juillet 2011 à Bruxelles, établissant un cadre communautaire pour la gestion responsable et sûre du combustible usé et des déchets radioactifs

http://eur-lex.europa.eu/LexUriServ/LexUriServ.do?uri=OJ:L:2011:199:0048:0056:FR:PDF

Note de l'IRSN du 21 janvier 2015 : « Éléments de réflexion sur la stratégie de rétention d'un corium en cuve de réacteur »

http://www.irsn.fr/FR/expertise/rapports_expertise/surete/Pages/Elements-reflexion-strategie-retention-corium-cuve-reacteur.aspx#.VRkGqEaBCiA

Base PRIS (Power Reactor Information System)

http://www.iaea.org/PRIS/home.aspx

Sources & bibliographie

"A record-based case–control study of natural background radiation and the incidence of childhood leukaemia and other cancers in Great Britain during 1980–2006", G. M. Kendall, M. P. Little, R. Wakeford, K. J. Bunch, J.CH Miles, T. J. Vincent, J. R. Meara and M. FG Murphy – Revue *Nature*, 2012.

World Energy Investment Outlook, IEA, 2014.

WNA at work, Edition World Nuclear Association, 2014.

Repères *Chiffres clés de l'énergie*, Édition Commissariat général au développement durable, 2012.

Repères *Chiffres clés de l'énergie*, Édition Commissariat général au développement durable, 2013.

Kombikraftwerk 2 Kurzbericht, Rapport de synthèse, BUND, août 2014.

« Comment assurer l'approvisionnement électrique de la Suisse? Efficacité électrique, production renouvelable, nucléaire : comparaison des coûts », rapport Weinmann – Énergies SA, octobre 2009.

« Quelle place pour le nucléaire dans le mix énergétique mondial du vingt et unième siècle ? », Benjamin Dessus, intervention dans le cadre du colloque « Le risque nucléaire et la décision publique », organisé par le GRECHEC à l'École normale supérieure de Paris, novembre 2011.

Is there a nuclear revival in the United States ?, Michele Boyd, Director, Safe Energy Program Physicians for Social Responsibility, Heinrich Böll Stiftung, octobre 2010.

Systems for change: nuclear Power vs. energy efficiency+renewables? by Antony Froggatt with Mycle Schneider, Heinrich Böll Stiftung, 2010.

Nuclear proliferation : a civilian and a military dilemma, Heinrich Böll Stiftung, 2010.

Myths about nuclear energy: how the energy lobby is pulling the wool over our eyes, by Gerd Rosenkranz, Heinrich Böll Stiftung, 2010.

The economics of nuclear power : an update, Steve Thomas, Heinrich Böll Stiftung, 2010.

The World Nuclear Industry Status Report 2014, Heinrich Böll Stiftung, 2014.

The Dynamics of Competition on the Global Nuclear : Different markets, different basic conditions, different competitive advantages, Dominique Finon, CIRED, 2014.

La concurrence sur les marchés de l'industrie nucléaire, OCDE, AEN, 2008.

Le poids socio-économique de l'électronucléaire en France, PriceWaterhouseCoopers à l'initiative d'Areva, mai 2011.

Nuclear Energy, Just the facts, Nuclear Energy Institute, 2012.

Conséquences macroéconomiques de la « sortie du nucléaire » : Évaluation des scénarios de l'UFE à l'aide du modèle NEMESIS. Baptiste Boitier, Lionel Lemiale, Arnaud Fougeyrollas, Pierre Le Mouël et Paul Zagamé – Document de Travail Seureco – Erasme n°1/12. Janvier 2012.

ELECNUC, *Les centrales nucléaires dans le monde, Nuclear power plants in the world*, CEA, 2014.

Nuclear power reactors in the world, Reference data series N° 2, 2014.

Coûts et rentabilité des énergies renouvelables en France métropolitaine – Éolien terrestre, biomasse, solaire photovoltaïque, Commission de régulation de l'énergie, avril 2014.

Les coûts de la filière électronucléaire, Rapport public thématique, Cour des comptes, janvier 2012.

Technology Roadmap. Nuclear Energy, Nuclear Energy Agency/IEA, 2010.

L'énergie nucléaire face à la concurrence sur les marchés de l'électricité, Agence pour l'énergie nucléaire / Organisation de coopération et de développement économiques.

Dépôt légal : mai 2015.
Imprimé et relié en avril 2015 par l'imprimerie Pollina, France.L72178.